鼓舞閱讀熱情
共創世代學習

天下文化
四十年

Encouraging Passion for Reading
Connecting Generation Learning

王力行、林天來、吳佩穎——策劃

遠見‧天下文化 事業群——編著

Believe in Reading

目 錄

生命之樹，出版之路

高希均
遠見・天下文化事業群董事長

潘煊 / 採訪整理

　　一九八二年天下文化創立時，原名是「經濟與生活出版公司」，一九八九年九月更名為「天下文化出版公司」，那一年，我們辦了一個茶會，邀請政府首長、各界專家學者一起來參與。我記得很清楚，那天，被譽為台灣經濟奇蹟領航者的李國鼎先生，在致詞中語重心長地談到，天下文化出版了許多好書，為國人鋪展出改變的力量，希望我們的國名 R.O.C，Republic of China 不再被國外媒體譏諷為 Republic of Casino（賭博之國）；更期待國人經由閱讀，讓台灣變成 Republic of Culture（文化之國），甚而躋身 Republic of Competitive（競爭力之國）。

　　在一九八九年，台灣股票市場正迷失於全民瘋「股」的激情中，各界對天下文化寄以厚望，特別是來自備受尊敬的李國鼎先生，給予我們的期望，如今回想，那天真是天下文化與讀者們共同勉勵的歷史時刻。

1989 年 9 月，「天下文化出版公司」更名茶會上，台灣經濟奇蹟領航者李國鼎先生蒞臨致詞，期望經由天下文化出版的好書，為國人鋪展出改變的力量，讓台灣變成「文化之國」、躋身「競爭力之國」。如今回想，那真是天下文化與讀者們共同勉勵的歷史時刻。

生命之樹，出版之路

我生長在抗日戰亂中的大陸，成長在經濟落後的台灣，一九五九年我二十三歲，搭上了學生包機，從農村社會的貧窮台灣，二十四小時之後，到達全世界最富強康樂的美國。對於清苦出身的學生而言，那是一個難以想像的新世界：和平、富裕、開放、安定，從那一刻起，我內心產生一個強烈的信念：有一天我們的國家也要如此和平，我們的社會也要如此富裕。

要提升為這樣具有競爭力、具有生產力、具有高附加價值的人，方法就是靠教育，橋梁就是靠大量閱讀。世界上所有的文明社會，必然是一個愛閱讀的社會，這就是我一生一直作為觀念的傳播者，並且投入文化出版，以推動閱讀與學習為終身志業的初心。

近年來，我在台灣及華人世界受邀演講時，常以十個觀念串連成一棵「生命之樹」，與人們交流。這十個觀念，自上而下次第延伸，猶如張臂於樹身之上的枝幹，層層開展，生生不息。從一個字遞加至十個字，分別是：和、開放、競爭力、君子之道、擁中華情懷、真善美的新聞、人做對‧事就做對、讀一流書‧做一流人、沒有戰爭的恐懼是幸福、兩岸一家親‧兩岸一起興。

這是植根於台灣土地的生命之樹，對天下文化而言，我們過去四十年所出版的中文書，精神內蘊完全與此相符。

樹冠上的鑽石，樹根裡的兩岸和平

「生命之樹」的根基建築在「兩岸一家親‧兩岸一起興」；而樹尖最頂端的「和」，猶如皇冠上的鑽石。「和」是指「家庭和睦」、「社會和諧」，更指「兩岸和平」。

沒有和平，一切皆空。

天下文化四十年來所出版的中文書，精神內蘊和植根於台灣土地的「生命之樹」完全一致。

我親身經歷了二十世紀上半葉的中日抗戰與國共內戰，自一九五九年秋天到達美國那一刻起，脫離了戰亂的陰影，在西方社會的安定自由中，讀書教書，成家立業。從此一生，我最大的嚮往就是「和平」，和平在我思維中生根，成為我最要推動的進步觀念。

　　在英文字彙中，最使我著迷的是：Peace-maker（和平使者），Peace treaty（和平條約），Peace dividend（和平紅利）。我研學經濟發展已逾半世紀，以經濟學裡機會成本的觀念而言，「戰爭」是最可怕的支出，最巨大的浪費；如果在二十一世紀還不斷出現戰爭，那是文明社會的最大恥辱！

　　記得在二〇一〇年，台北與上海合辦了第一屆「雙城論壇」，台北市長郝龍斌和上海市長韓正開啟了兩地交流，這是雙城的官方與民間在大變動中，所展現的遠見以及對合作雙贏的嚮往。當時我們《遠見》受邀辦了這次論壇，在開幕典禮中，面對在座的郝市長及韓市長，我說到：台北與上海只有九十分鐘航程，比搭乘高鐵去高雄還快。換言之，只要往來順暢，台灣就多了一個西湖；大陸就多了一個阿里山。

心繫台灣四個詞，言所當言六十年

　　二〇一五年，出版《開放台灣》一書。我認為，任何社會都應走向開放，「開放」與「全球化」是提升人類福祉的兩個重要途徑。台灣過去的開放已奠下很好的根基，未來，「開放」仍是決定我們能不能融入世界脈動的關鍵因素。

　　只有開放，才有出路，才能走向文明，於是在二〇一九年我再寫了《文明台灣》一書。這本書討論到台灣如何走上文明之路，其中包括：政府與民間要共有「與時俱進」的危機感及改革；政府與民間要共有融入世界的決心與政策；個人要自立自主；個人要變成是社會的資產……等等，這些都包括在列舉的「文明清單」上。

　　文明，才是全體國人追求的標竿。

　　繼《開放台灣》及《文明台灣》之後，我再將二〇二一年的新書取名為《進步台灣》。這個書名表達了回歸「初心」的激動，因為六十三年前從台灣出國讀書，「進步」

就是內心最嚮往的指南針。唯有提倡進步的觀念，才能有進步的政策，產生進步的社會；而從現實面來觀察，只有社會進步，個人才容易進步。

「開放」、「文明」、「進步」，還必然要在「和平」的大傘之下，才有圓滿的可能。面對近月俄烏戰爭引爆的慘重傷亡及五百萬難民潮，使我更堅信：多年來對兩岸和平的提倡不能鬆懈，目前正在構思如何寫一本《和平台灣》的書。我懇切地大聲疾呼：戰爭沒有贏家，和平沒有輸家！八月初裴洛西的台灣行，只造成了戰爭的威脅，令人痛心。

「開放」、「文明」、「進步」、「和平」，四詞八字貫穿我一生的理念。作為一個在戰亂中出生的知識份子，對一國的經濟盛衰、對一個世代的教育發展、對一個社會的追求和平，我心嚮往之，我夢寐以求，我言所當言。心繫斯土，半世紀來未曾或忘。

以讀攻毒，以書止輸

天下文化四十年，有貫串的精神理念。落實到生活中，面對當今的資訊超載，我們無法遍讀所有領域，那就必須把注意力集中在一流書上，不斷吸收新知，做一個終身學習者。誰擁有與時俱進的知識，誰就能擁有未來。

「讀書不輸」是我多年所倡，時至今日，新冠病毒肆虐全球已長達二年多，除了疫苗政策、醫療體系的防護，人們該如何自處？我始終相信以「讀」是攻「毒」的美好解方。按下社交的暫停鍵，安於短暫的隱居，一卷在手，字裡行間四海雲遊，獨自學習不只降低感染風險，更能讓自我的進步續航無止境。

多年前有一個行程難忘。「台灣半導體教父」張忠謀先生，在天下文化的第一本書《張忠謀自傳（上）》出版後，二〇〇二年簡體版在北京與上海舉辦新書發表會，轟動一時。當時北大管理學院邀請他演講，這位帶動台灣 IC 產業蓬勃發展的企業家告訴我，他的演講主題是「終身學習」，我深感這位聚焦於高科技領域發展的企業家，心目中最重要的就是「閱讀」。後來，坐在聽講席第一排的張夫人也起身分享，她先生

通常在晚餐後，就會走進書房閱讀，大約二、三個小時。如遇到不熟悉的字詞，不論中英文，一定仔細查閱。這段發言之後，張董事長又補充一個觀念，所謂讀書並非漫無目的隨興，必須要有計畫、有要求、有層次；這樣的學習，才有真正的價值。

鴻海董事長郭台銘先生，是台灣的大企業家，二〇〇七年天下化出版《執行力》（*Execution:The Discipline of Getting Things Done*）時，他的祕書即打電話來訂書，並且談到隔天郭董事長要對員工講話，將以《執行力》為主題，問及是否可以盡快拿到六百本書。當時書才印好入庫，鴻海辦公室立即派車直驅倉庫運書，那種「搶讀」為快的熱切之心，正展示了他強烈的執行力。

前瞻有夢，二個翻轉：自助助人，版權順差

我一生對經濟與教育這兩題特別關心。台灣社會普遍存在「白吃午餐」的現象，其中消耗的就是社會成本。當然，國家理應照顧弱勢族群，除此之外，政府就要翻轉國人「白吃午餐」的觀念。因此我倡導「新獨立主義」——求學階段，自己功課自己做；踏入社會，自己工作自己找；建立家庭，自己幸福自己建；事業奮鬥，自己舞台自己創；夕陽餘暉，自己晚年自己顧。這是充滿生命力的人生，好好讀書，好好做人，好好做事。從小自我承擔，一生學習到年老，若有儲蓄更可助人，多麼自在。

「讀書不輸」是我多年所倡，閱讀是攻毒的美好解方。一卷在手，字裡行間四海雲遊，靜自學習不只降低感染風險，更能讓自我的進步續航無止境。

另一個翻轉，是我對出版的一個夢。不論是天下文化或是台灣的出版界，以現階段而言，外文中譯的出版比例不低，表示我們的創作及學術水準還不及國際水準。以數字來看，台灣的「產品」外銷，世界排名約在十五名到二十名之間，但「中文書」的外譯輸出，則微不足道。我希望有一天台灣各領域的著作能趕上國際能見度，讓傑出的中文作品吸引外國人來購買中文版權，在國際上也能有一席之地，產生中文智慧財產權的順差。

送贈讀者的話：與書共贏

一本有吸引力的好書，必擁有使你難以拒絕的這些特質：

（1）它傳播現代知識
（2）它的論點有創意並激發創意
（3）它的故事感人且有啟發性
（4）它有實用價值
（5）它在提倡人與自然的和諧共存
（6）它在記錄人類（及國人）的傑出成就
（7）它探索人類的心靈世界
（8）它在提倡人間的長情與大愛

透過自己的長期閱讀，現代人靠知識與技能

‧才能有好的「生活」。
‧才能有尊嚴的「生存」。
‧才能有安身立命的「生計」。
這變成了「書生」的「三生」有幸。

自己一生幸運「與書共生」，從六歲起在上海讀書，二十二歲在台灣讀完大學，二十八歲在美國修畢學位出來教書，「我」與「書」變成了命運共同體——認真地讀書、教書與寫書；甚至八〇年代有機會再回到台灣與王力行發行人、張作錦社長參與出版，興高采烈地選書、評書、印書。我變成了東西方社會中快樂的讀書人。

星雲大師賀

「天下文化」40週年

2022.07

進入元宇宙，尋找北極星
——出版的未來挑戰

王力行
遠見‧天下文化事業群發行人兼執行長

潘煊／採訪整理

進入二十一世紀後，科技發展為人類生活帶來翻天覆地的改變，從網路化、數位化，現在進入元宇宙的虛擬世界，澎湃的浪頭顛覆了實體世界的原有認知。以內容、觀念、知識為主的出版產業，必然會被推向一個不斷變化的未來，這未來會是一個怎樣的面貌呢？其實是極難預測和掌控的，我們只能在變化中勿忘核心價值。

元宇宙中的出版面貌，可以充滿想像

網路的普及、行動裝置的便利改變了大眾的閱讀習慣，許多人看螢幕的時間遠多於看紙本書籍。創辦四十年的天下文化，如何在未來世界開闢一席之地，在邁向下一個出版新局的此刻，我想有三個層面亟須思考。

一是內容。未來的書可能不再是傳統認知的書，內容不再是既成而不可分割的內容。在紙本閱讀遽降的早期，一般認為將紙本書變成電子書是一個新契機，但這只是一個通路的改變而已。在元宇宙的數位世界裡，「書」的展現方式將更為百花齊放。

1986 年，天下文化獲金鼎獎，由台灣歷史學者林衡道教授頒贈，發行人王力行代表上台領獎。

我相信紙本不會消失，但出版品的載體還有電子、有聲、課程三大區塊，因此書的內容可能會被打散，可能分開章節以知識付費，也可能被重組，而變成另外一個產品。

　　二是業務。過去實體書店是出版公司與讀者接觸的第一線，而今消費型態改變，書店式微，新書出版不再以透過總經銷與書店為大宗，也不再只是郵寄實體書到讀者手上；利用數位通路，消費者的購買方式有更多元的選擇。

　　三是傳播。數位時代的出版公司，工作範疇不只是找作者寫書、找譯者譯書、出書與售書，還可能變成一個媒體，直接面對讀者，提供資訊、經營歷久彌新的關係。就如同我們在二○一七年成立的「50+」，這是台灣最大的熟齡媒體與生活風格社群，針對五十歲以上的讀者，以及即將退休的族群，提供生活全面向的討論。50+ 所有的資訊、活動、課程，都環繞著讀者的需求，陪伴讀者靠著有意識的規劃、有創意的新

方法，創造自己的理想老後。

碎片化是趨勢，而紙本有無可取代的溫度

數位載具如此便捷，看新聞、找資料、傳遞資訊，只要智慧型手機在握，全都一指搞定。因此人人都可以是記者、可以是總編輯，自媒體時代已然來臨。

免費資訊爆炸，良莠不齊的內容充斥於生活，真正能成為提升人們品質的推手，唯有優質的內容。比如中國大陸很紅的新創媒體「一條」，創辦人徐滬生用精緻的影音製作，約五分鐘的片長，述說高品質的生活故事，而吸引了高端品味族群。再如介紹書籍、採付費機制的「得到APP」（前身為「邏輯思維」），每天早上六點半，發送六十秒的語音，用獨特的觀點和菁英知識，獲得閱聽大眾的信任和欣賞。

現代生活步調匆忙，人們的時間都已碎片化，那麼，碎片化的學習是什麼樣的型態？在上班途中，在等公車時，在捷運上，手機能提供的閱讀便利是什麼？如今有耐心讀完整本書的人不多，會隨身攜帶厚重實體書的人更少，想從書中有系統地學習知識，聽聲音是否比看視頻更被接受？這都讓我們對「書」與人們生活的連結，有更多想像空間。

新世代的年輕人從出生到學習，手機、網路是他們獲得訊息的熟悉工具；而對於較高年齡的族群，紙本書則更有魅力，他們樂於沈浸其中，靜下心來享受字裡行間之美。

數位轉型，科技引領出版的翻轉

近二年多來，由於新冠肺炎疫情的影響，遠距工作需求增加，維持內部工作效率及團隊交流的科技工具應運而生，也順勢推動企業加速雲端部署及資訊數位化。

自從一九九九年，三位哈佛大學管理學者提出「破壞式創新」開始，就點出進入數位化時代，科技引領企業的翻轉。各行各業都有「數位轉型」的問題，出版產業當

天下文化 40 ｜鼓舞閱讀熱情，共創世代學習｜

然也無法自外於瞬息萬變的世界，天下文化一樣需要邁出新的步伐。

我認為不久的將來就會出現破壞式的創新。破壞的真義是什麼？如何創新？新層面的讀者在哪裡？書的內容可以有如何的改變？怎樣去架構我們與讀者的新關聯？

這種種天下文化的未來思考，首先，必須去找到對出版有熱情，又願意投入 IT 開發和數據分析的技術人才。大數據運用和分析在巨變時代裡，可以幫助我們更客觀地解讀現實。有嫻熟的數位人才、完備的科技工具，才可以幫助我們更了解閱聽大眾的想法、感受、回響與評價，清楚潛在讀者有興趣的內容。讓數據說話，進行市場判斷，並以此為依據進行調整，創造出新穎的出版方向。

另一個重點是，現在的每一位同仁都要建立數位思維，這四個字說起來容易，但其中有太多的功課與學習。普立茲新聞獎的三屆獲獎者佛里曼說過：「面對日新月異的科技時代，唯有終身學習、增長技能，才是生存之道」。我想鼓勵同仁們，在過去運作得很好的規模下，跨出舒適圈，張開嶄新的手眼，觀察世界的變化，關注時代的需要，關心個人在變化中的適應，才能在未來的出版型態中，帶給人們閱讀的力量。

曾獲三次普立茲新聞獎的佛里曼說：「面對日新月異的科技時代，唯有終身學習、增長技能，才是生存之道。」圖為 2006 年訪台，與總統馬英九合影。

在出版長流中，有許多觸動人心的澎湃

在二〇〇〇千禧年裡，天下文化辦了一個晚會，在那次作者、傳主、出版者齊聚一堂的盛會裡，有一幕，我至今難忘。

天下文化的社會人文系列，出版了許多政治人物、企業家、宗教家、科學家、藝術家的傳記，呈現時代的共同記憶。當天的晚會裡，有一位生命經驗非常特別的傳記人物，他就是有「輪椅巨人」之稱的祁六新中校。

祁中校從小到大課業優秀，投考陸軍官校並以第一名的成績畢業，赴美進修回國後，成為全國最年輕的中校，可謂前程似錦。不料在一次軍事演習中受傷，由於傷到頸髓神經，以致頭部以下全身癱瘓，從此自雲端跌到地獄。經歷生命的痛苦翻騰，他重新提起勇氣，擔任義工，演講分享，成為心理輔導顧問，即使坐在輪椅上，仍發揮生命的極致意義。

晚會當天，祁中校與蒞臨現場的郝柏村院長相遇，他自推輪椅上前，以軍人的舉手禮致敬，並向曾任陸軍總司令的老長官問了一句話：「您記得我嗎？」

郝院長立刻回答他：「記得，當然記得！」

同樣奔騰著軍人的熱血，同樣在天下文化出書，一位是「強人總長」，一位是「輪椅巨人」，現場一遇，真摯熱烈，感動人心。在那個當下，我特別覺得出版真是一條可貴的長河，人與人，書與書，在天下文化四十年的歲月中，有許多如同此刻觸動人心的澎湃。

四十不惑，尋找出版天空的北極星

孔子說：「四十而不惑」，天下文化在變化巨大的時代裡走了四十年，我們盡了很大的心力。面對下一個四十年，此刻不斷思考的是，可以再為社會繼續做些什麼事、創造新面向。

《進擊》（Whiplash）一書中提到，未來社會生存有九大法則，其中之一是「羅盤勝過地圖」。地圖提供了詳細的知識和有效的路徑，羅盤則是具有彈性的工具，在一定的方向指標下，由自己去發現、尋找路徑。對出版產業而言，在科技衝擊人們生活、變化無法預測的年代，要找到指引方向的北極星，也必須擁有一個羅盤。

二〇一一年，天下文化出版《賈伯斯傳》（Steve Jobs），不只完整記載賈伯斯的一生，更是一本談創新的書。數位時代裡，很多企業都努力走在創新的最前頭，賈伯斯深知要在二十一世紀創造出有價值的東西，必然要讓創造力和科技結合，用強大的科技產品改善人類生活。

我認為，科技是用來協助人類更有效率、更快速方便。科技把事做對，人決定對的事。「對的價值觀」就像北極星，在出版的天空下，我們將走在一條既有創造力又結合科技的方向上。

因為閱讀，我們的存在才有價值

天下文化是以傳播進步觀念為志業的出版公司，四十年來，出版逾四千種書，發行總量超過四千五百萬冊，累積了許多忠實而默契深厚的讀者。

假如在天下文化創立時，讀者那年二十歲，現在也已經六十歲了。而不論是在哪一個年歲，大家不斷地學習，努力打造一個更好的自己，這是天下文化最感榮幸的事。

希望未來，讀者、作者，與作為出版者的我們，能有更多樣、更精彩的交流，互相啟發，彼此支持。作者撰寫好書，讀者擁有好書，因為閱讀，天下文化的存在才有價值。

天下文化 **4○** | 鼓舞閱讀熱情，共創世代學習 |

> **「對的價值觀」就像北極星，在出版的天空下，我們將走在一條既有創造力又結合科技的方向上。**

四十週年的祝福

錢 煦

美國加州大學聖地牙哥校區生物工程及醫學教授

我很榮幸在一九八六年認識了天下文化創辦人高希均教授和王力行發行人。那時他們創辦《遠見》雜誌，高教授請王發行人分別採訪家兄錢純、舍弟錢復和我，在創刊號發表了一篇非常珍貴、寫我們三兄弟的文章。此後三十六年，我經常得到他們兩位熱忱的招拂，收到很多可貴的天下文化出版的書籍。

二〇一六年，我以「學習、奉獻、創造」為題，寫了一本回憶錄；高教授和王發行人同意由天下文化出版。在編輯期間，我和天下文化的吳佩穎總編輯、賴仕豪主編和社內各位同仁有極好的愉快交流。由於他們傑出的專業能力和敬業精神，使這本書的出版能極順利地進行。

二〇一九年，高教授領導的華人領袖遠見高峰會建立了「君子科學家」，我很榮幸被選為第一屆得獎人。高教授和王發行人把我的回憶錄重新再版，送給每位參加高峰會議的學者專家，使我非常感激。

天下文化創立四十年來，經由出版優越的書刊，舉辦精闢的演講和論壇，對於台灣的文化、社會有極重要的貢獻！謹此恭致最誠摯的感謝和賀忱。並敬祝今後更發揚光大，造福天下人群！

孫 震

台大名譽教授、台大經濟研究學術基金會董事長

天下文化出版過我八本書，討論的主題從早期的成長與穩定，到後來的企業倫理和晚近的儒家倫理。倫理的普遍實踐有賴於建立倫理優先於富貴的價值觀，以及健全的社會誘因制度。

遠見·天下文化是以傳播新觀念為志業的公益社會企業，鼓勵讀一流書、做一流人，推動企業社會責任，表揚各專業的君子，為社會作出典範。

許士軍

逢甲大學人言講座教授、台北金融研究發展基金會常務董事

人的一生有許多不同身分，回顧自己，主要就是學生、教師、讀者和作者。這幾個身分，都離不開書籍，怪不得四十年來和天下文化結下如此深緣。每次踏進人文空間，總有一種回家的溫馨和喜悅，願意藉此機會衷心地說聲「謝謝」。

出版業這些年來，算是一種十分艱辛的行業。但是天下文化在希均兄和力行女士的堅持和領導下，為開創社會的良知和智慧，熠熠發光，令人感佩。

張作錦

聯合報前社長、遠見雜誌創辦人

「學校者，人才所由出；人才者，國勢所由強；故泰西之強，強於學，非強於人也。」這是鄭觀應的話，他的《盛世危言》震動了朝野，他被認為是清季少數最早「睜開眼睛看世界」的知識份子。

鄭觀應強調「學」，但他的「學」似只指學校，因為當時出版社、圖書館這些事物在中國尚待萌芽。等到鄭觀應下一輩人張元濟，就帶出一個新局面。他以低階京官參與「戊戌變法」失敗，被免職出京，到了上海開辦「商務印書館」，致力「平民教育」救國，與他的好友蔡元培在北大的「菁英教育」齊頭並進，將他的出版社變成集才館、儲才館和育才館，使「商務」肩負起「文化建國」的重責大任。

歷史本身不會重演，但人可以重演歷史。我認為今天台灣的「天下文化出版公司」它存在的價值、它的精神面貌、它所發揮的功能，和當年的「商務印書館」可相提並論；高希均教授、王力行女士與張元濟以及兩公司的同仁們，不僅將在中國出版史上、也將在文化史上占有他們應享有的地位。

「傳播進步的觀念」，是的，因為有「天下文化」，才有今天進步的台灣社會。「閱讀救自己」，是的，只有自己先得救了，國家才能得救。「天下沒有白吃的午餐」，是的，但天下也沒有白費的心血。

天道酬勤，功不唐捐。

余秋雨

「天下文化四十週年」，這八個字份量很重，我要分成兩段來說。

先說「天下文化」。這四個字，可以讓我們想起《周易》裡最重要的一句話：「關乎人文，以化成天下」。我是這樣翻譯的：「所謂人文，就是教化天下」。可見，早在二千多年前，古代聖人就早早地給「天下文化」下了一個經典定義。

古人所不知道的是，現在的天下，分成東方和西方，這兩方，在文化上都很難溝通，相比之下，東方對西方的理解更多一點。我們的「天下文化」卻成了溝通的橋梁。創辦人高希均、王力行和他們的團隊，精熟西方，又立足東方，態度平整而公允，因此，年年月月展現在讀者面前的，是一個真正完整的「天下」。看著「天下文化」的業績，我常常想起「天下」與「文化」之間的深刻關係。那就是天下因文化而覺醒，文化因天下而宏大。

再說「四十週年」。在中國古代，說一代，是指二十年。那麼，四十年，就是整整兩代。對一家人來說，由兩代來傳承一件事，這並不奇怪，但這件事一定不是出版書籍、編印雜誌。因為那是社會和時代最敏感的神經末梢，每時每刻都在發生變化，很容易被讀者厭倦和冷落。然而「天下文化」的同仁們都一直以博大的胸懷發現、品鑒、選擇各種新起的文化信號，並以高超的水準把它們變成一批批優秀的文化作品。正因為這樣，四十年過去依然青春煥發、朝氣蓬勃。連年長的高教授還神采奕奕、充滿活力。因此，四十週年慶祝，是在慶祝一個不老的傳奇。

我實在幸運，在「天下文化」出版了一大批書。全球各地華文讀者與我的交情，大部分是由「天下文化」建立的。因此，它早已成為我生命的一部分，而且屬於生命中特別斯文、高雅、誠摯的那個部分。我在「天下文化」出版的書中，有一些在內容上比較深澀、冷僻，這是嚴謹的寫作不可避免的，卻常常會讓出版家感到為難。但是，「天下文化」不為難，仍然一本本仔細出版，這讓我看到了世上最傑出的文化事業群的風範。

孔子說：「四十而不惑」。「天下文化」進入不惑之年後，前程更是無可限量。我希望，它能以自己的「不惑」，帶領華文世界的讀者一起走向不惑的境界。本來，文化的一大責任，就是破惑。

星雲大師

佛光山開山宗長、國際佛光會榮譽總會長

我和高教授早在一九八九年就結緣，當時我應《遠見》雜誌之邀，講述「我的大陸行」，探討兩岸文化、宗教、教育等交流事宜。自此我們就經常往來，交換意見。一九九三年，高教授要為我出一本傳記，對於他的盛情，我實在卻之不恭，勉強應他所望。一九九五年，由符芝瑛小姐撰寫的《傳燈：星雲大師傳》，由天下文化出版。承蒙高教授的大力推薦，多次在全台的書店如金石堂等，進入暢銷書的十大排行榜。

高教授一心為社會的文化教育盡一份力量，成立了「遠見‧天下文化事業群」，四十年來，不惜成本、擇善固執出版許多膾炙人口的書籍，帶給社會大眾許多重要觀念。我敬佩他對社會公益的堅持，所以天下文化每年寄來我出書的版稅，我都要書記們寄還給他，表達我對他推動文化事業的支持。

人生在世短短數十年，但學者的智慧、觀念都會成為他生命的化身，對大眾有著深遠的影響。深為高教授四十年前回到台灣創辦天下文化的這個抉擇喝采，非具有遠見者所不能為也。

釋證嚴

佛教慈濟慈善事業基金會創辦人

四十年前，高教授以書生報國為念，盱衡時局，慧眼獨具，先後創辦《天下》、《遠見》雜誌，又在一九八二年成立「天下文化」，出版很多關懷社會的華文著作，積極引介國際尖端思潮，不僅幫助提升產業競爭力，更打開知識份子的視野。

多年來，靜思跟天下文化合作無間，共同完成了許許多多的好書，像是《美的循環》《清貧致福》《清淨在源頭》《與地球共生息》《普天之下沒有我不愛的人》和《靜思語的智慧人生》等書，《大愛》更為慈濟三十年留下紀錄。

好書不啻是現前的社會需要的一道清流，祝福天下文化四十週年，繼續為大家的心田注入源源不絕的活水！

黃達夫

和信治癌中心醫院董事兼院長、
黃達夫醫學教育促進基金會董事長

　　我辦公桌有一個天下文化贈送的紙鎮，上面是董陽孜大書法家題的字「閱讀，終身的承諾」。的確，對於我而言，七十年來，閱讀一直是我生命中極為重要的一部分。

　　書對於我的誘惑，應該始於小學生放暑假時，炎炎夏日，我不愛往外跑，就鑽進父親的書房，翻看書架上的書，有英文的經濟學、日文的藝術史，還有《西遊記》等，似懂非懂地在書中打發了不少時間。

　　初中上建國中學，下課後，習慣到衡陽街的書店走一圈再回家，買書、看書幾乎就成為我課餘的唯一娛樂。

　　到了高中的時候，我最最盼望的是，家裡定期會收到林挺生先生寄來的協志工業叢書，涵蓋各個領域的世界名著，讓我認識了史懷哲、房龍、富蘭克林、英國文學……深深地領悟到知識的浩瀚，而這一趟探索的旅程更是沒有止境的。

　　閱讀敲開我的大腦，打開我的視野，帶領我遨遊不同的世界，欣賞不一樣的文化，認識了人性的高貴與醜陋，更持續引導我學習新事物。

　　多年來，我在醫生的職務之餘，提筆寫下所感所思，在天下文化出版過《用心聆聽》《永遠站在病人這一邊》等書，黃達夫醫學教育促進基金也持續與天下文化合作，引入了與很多醫病相關的優良讀物，如葛文德的《一位外科醫師的修煉》《凝視死亡》、奧立佛‧薩克斯的《勇往直前》和艾倫‧羅絲曼的《白袍》等好書，除了有助醫師的人文養成，也讓更多讀者深入了解醫生的內心世界。

　　如同林挺生先生的協志工業叢書影響了半個世紀以前的我，高希均教授和王力行女士領軍下的天下文化同樣影響與改變了無數的年輕人。我相信天下文化耕耘了四十年，將好書帶到愛書人的眼前，未來必然還要繼續發揮它的影響力。

洪 蘭

中央大學認知神經科學研究所講座教授、
中原大學暨台北醫學大學講座教授

一九九二年，我回台灣到嘉義的中正大學教書。中正大學的心理系是放在社會科學院內，念社會科學的人，背景知識要廣，因為人的行為是最複雜的行為，跨領域的知識愈豐富，愈能理解行為背後的動機，所以開了很多本參考書。沒想到那時學校剛成立不久，圖書館還沒有這些書，助教便建議我去台北的誠品書店找天下文化的專櫃，說那裡有最新的科普書。我在那裡果然「驚艷」，沒有想到我心中要開的書單，天下文化都翻譯出來了，而且還有國內知名學者的導讀。中正第一屆的學生現在都已經做到了教授，不知跟當年他們大量閱讀天下文化的科普書有沒有關係。

普立茲獎得主 James Michener 說，一個國家的未來取決於這個國家的少年所讀的書，這些書會內化成他對國家民族的認同、生命的目的、生活的意義及未來的理想。好書影響孩子的一生，你若不知道你要成為什麼樣的人，你就不會朝那個方向前進。

感謝天下文化的遠見，引導了我們朝「讀一流書、做一流人」的崇高目標前進。

傅佩榮

國學研究者、曾任台灣大學哲學系主任
兼研究所所長暨教授

自二〇〇一年與天下文化合作，我至今出版了二十二本書，很感謝
出版社對我的厚愛。印象較深的有三件事：一、印刷與設計皆屬一流。
許多朋友聽說我的某一本書在天下文化出版，就說：「天下文化出版，
必屬好書。」可見天下文化在文化圈的口碑。二、用心推廣。早期出版
的《活出自己的智慧》與《轉進人生頂峰》，因天下文化推薦而成為當
年公務人員閱讀選書。另一本原是台大上課講義的《哲學與人生》，後
來在大陸出版簡體版，曾多次被十所大學校長推薦為「大學生必讀十大
好書」。三、有使命感。創辦人與發行人對文化有熱忱、有願景，又有
專業團隊配合。天下文化的成功正是文化界的盛事。

姚仁祿

慈濟傳播人文志業基金會合心精進長、大小創意齋創辦人

一九八二年，那是一個港劇收視率七〇％的《楚留香》時代……
遠見・天下文化，勇敢的一肩挑起，以文字「傳播進步觀念」的使命。
四十年後，《楚留香》的位置，讓給了韓劇《非常律師禹英禑》……
物換星移，遠見・天下文化，挺立依舊。

勇敢的站在多媒體、短媒體的大江浪頭上，緊緊握住「文字語言」，
緊緊握住「進步的觀念」，奮力挺住，不讓「負責任的文字」在近代傳
播的驚濤險浪之中，無力的沉沒。

謹以，文字創作者，美國的 Gene Wolfe 的這句話，向遠見 天下文
化事業群創辦人與所有工作同仁的堅定與勇敢致敬：「So powerful is the
charm of words, which for us reduces to manageable entities all the passions
that would otherwise madden and destroy us.」（文字表達有優雅的魔力，
能讓我們內在的激情，化為有物之言，不至於因澎湃顛狂而致破壞毀
滅）。

嚴長壽

公益平台文化基金會董事長、均一國際教育實驗中學董事長

二〇〇八年總統大選落幕不久，我在天下文化的第一本書《我所看見的未來》出版了。我定義這本書是我在觀光產業三十八年的「畢業報告」。

從一九七〇年進入觀光產業開始，我曾以各種不同的方法，試圖藉由親身的行動驗證：台灣絕對能夠以文化與觀光為基底，在國際政治與現實的束縛下，走出一條新路徑。二〇〇八年無論是台灣的政黨輪替，或者是兩岸的關係，都是關鍵的一年，於是我開始將這些軌跡與思維化為文字，期盼當時機成熟時，能夠引發主政者及民眾的關注，讓台灣能重新找到自己的定位與方向。

出版前，我自知這樣的書籍相對小眾、冷門，將醞釀三年的書稿交付給天下文化團隊時，實在很擔心造成他們的負擔。然而從新書編輯、推廣的過程中，我認識到天下文化是充滿使命感、積極、專業的團隊；在他們的推動下，看到每次大型演講爆滿的聽眾，遇到許多產官學界的朋友，也都表達讀過《我所看見的未來》，讓我非常驚歎與感謝。

我從來不曾以著述為志業，然而在天下文化夥伴們的鼓勵下，我對台灣社會及青年人懷抱的無限期許，又陸續化為八種可被討論、參照的書籍；若沒有天下文化團隊的支持，這些想像都無法變成行動。

另外，值得一提的是，天下文化接受我的引介，為我尊敬卻一向低調的藝術家江賢二老師陸續出版了傳記與作品集。在疫情籠罩的陰影下，江老師二〇二〇年在北美館完成「江賢二回顧展」，創下北美館近年來參展人數高峰的紀錄，也因為有天下文化的協助推廣，讓更多年輕人走進當時的展區，見證國際級的藝術作品，更認識一位終其一生、專注一事的典範大師。

出版業正面對巨大挑戰的當下，謹以兩則故事，表達對天下文化所有夥伴由衷的感謝與敬意，祝四十週年生日快樂。

陳長文
理律法律事務所資深合夥人、政治大學／東吳大學教授

　　時光荏苒，說起來我與天下文化的緣分其實比四十年更長。一九七二年我返國後在政大及東吳任教，因緣際會認識了高教授與王發行人，基於一顆愛國報國的心，經常一同暢談國家大事、社會進步和兩岸和平等事務，大家相談甚歡，可謂一見如故。後來天下文化在一九八二年成立，提倡的「讀一流書，做一流人，建一流社會」對華人社會影響很大，四十年來，讓人看見：「讀書是有用的，透過長期閱讀一流書，就能發掘另一個不同的自己。」

　　以我從事的法律、教學來說，特別需要各種跨領域的知識，天下文化引進的各種政經思潮趨勢翻譯書，很能拓展眼界和格局，我也常推薦給學生。此外，身為專業法律人的我，會開始跨界寫文章分享觀點，也是受到高教授的鼓舞。高教授曾說「閱讀救自己」，但閱讀的威力豈止救自己，更能透過進步觀念的傳遞來改變世界。在這個世局動盪、危機頻傳的年代，讓我們相信閱讀的力量，也期待天下文化出版更多一流書，讓大家一起閱讀救世界。

周俊吉
信義企業集團創辦人

　　與遠見·天下文化結緣，是因為素來仰慕高希均教授的深厚學養，一路走來惠我良多，不論是在個人知識與智慧的累積增長，抑或是自學企業經營之道的開卷有益，天下文化為我帶來了許多古今中外、舉足輕重的生命貴人。

　　祝福天下文化繼續在未來無數個四十年中，為更多人豐富人生、創造啟蒙，成就一個進步繁榮、生生不息的智識天地。

林 和

天下文化科學顧問、台灣大學大氣科學研究所名譽教授

一九八七年三位不同的朋友，從海外寄來同一本書，書名《混沌》（*Chaos : making a new science*），果然，這是一本劃時代的經典。

當時我大病初癒，異常想念恩師勞倫斯（Edward Lorenz），他是混沌學的開啟者；同時，在歐美重要書局，我看到的是科普 Popular science 與科學文化 Science culture 書籍，分屬涇渭分明的兩種出版類型，各自陳列在獨立的書架上。緣此動念，甫回國門的我，立刻抓起電話簿，找到出版類，按筆劃順序撥通第一家「天……」幸運極了，獲得總編尹萍的慧眼，以及鄭懷超、胡芳芳、林幸蓉、李淑嫻和李怡慧眾才女青睞，加上摯友周成功、牟中原、李國偉拔刀相助。

和天下文化結緣三十五年的光陰一閃即逝……不變的是王發行人的寬容和高教授溫煦的赤子之心。

牟中原

天下文化科學顧問、中央研究院院士、
台灣大學化學系名譽教授

有一次做科普活動，演講完，有個學生跑上來要合照，表現得非常興奮，緊握著我的手，有點發抖地說：「我一直以為你是古人。」讓我很驚訝。

他說他爸爸從大學就一直買天下文化科文的書，家裡一大堆，他從小就知道我的名字，然後現在他依然繼續在讀這些書——沒想到我竟變成了「今之古人」。

一九九〇年，我們幾個科學文化顧問在創辦人高教授的支持與尹萍總編的策劃下，開創了「科學文化」書系，獲得陳瑞麟教授肯定這一系列叢書：「所描繪的科學，是一種引領時代精神的文化內蘊。」

這些小故事在在讓我覺得：我們做對了！人生值得！

李國偉

天下文化科學顧問、中央研究院數學研究所退休研究員

　　一九九一年，天下文化「科學文化」書系激盪起出版界浪潮，「使得科普變成傳奇」。忝列科學顧問之一，最敬佩高希均教授的眼界與胸懷，樂意走出財經管理專長，進軍「從文化觀科學、植科學於文化」的科普志業。正逢四十週年之際，我實現了對高教授的諾言，在「科學文化」系列獻曝《數學，這樣看才精采》一書，以此敬祝「天下文化」永遠精采！

周成功

天下文化科學顧問、陽明大學退休教授

　　一九七九年我回台灣後，就一頭栽進《科學月刊》忙著科學新知的介紹，當時隱約知道有另一批人也致力於新觀念的引介，但彷彿是地球的兩極，彼此沒有任何交集。直到在林和的帶引下開啟了和天下文化長期的互動，我像是劉姥姥進了大觀園，才真正領會到科學背後的人文面向，也才發現大家其實共享了一個進步台灣的理想。

孫維新

台大物理系及天文研究所兼任教授

閱讀，是提升自己；分享，是成就他人。

閱讀，是出世；分享，是入世。

閱讀，是樂趣；分享，一開始是壓力，最終也會成為樂趣。

曾經有六年的時間，我每個週六晚上都要做一場線上演講，總共三百場，每場演講有多少人聽我不知道，我也不在乎，因為每週六在壓力之下的白天閱讀和晚上分享，就是這六年來我給自己的最大禮物。

興趣，幫助你開始；壓力，幫助你完成。

靡不有初，鮮克有終。古人說得真切，我們能不警惕？閱讀之後的分享，就是給自己的幸福回報。

閱讀，是在裝滿一桶水；分享，是舀出水來給別人。先要裝得滿，才能舀得長。

感謝天下文化四十年來的耕耘，讓我們這些喜愛閱讀和分享的人有水可裝！

尤虹文

作家、音樂人

二〇一二年，我從紐約飛回高雄，蹲在我奶奶去世前那老舊的房間裡，堅持用中文寫我的第一本書。

我爸爸說，沒有人會想看妳的書。我們為此，第一次在沒有奶奶的年夜飯上，大吵了一架。

很難想像，如果沒有天下文化，我的三本書今天會流落何方？

出書以後，這個美好的出版社，高教授和發行人，對於一個他們根本不認識、沒沒無聞的南部年輕人，是如此的寬厚與溫暖：高教授和發行人將《為夢想單飛》送給全台灣各鄉的小朋友，天來社長和同仁推廣《哈佛教我的 18 堂人生必修課》和《因為身體記得》不遺餘力，並捐贈給高雄圖書館，讓年輕孩子可以在館內閱讀。

我記得第一次坐高鐵北上到天下文化，覺得好緊張。但是一到人文空間，頓時放鬆下來，如同到了我小時候最愛的書店。對一個愛書人來說，天下文化是世界上最富有的地方，遠勝 GOOGLE 和 AMAZON ！

感謝天下文化，感謝高教授和王發行人創辦天下文化四十年來的理念：盡一己心力，讓這個社會更美好，更文明，更開放，更進步！

約翰・漢尼斯 John L. Hennessy

Alphabet 董事長、史丹佛大學第十任校長

我從五、六歲開始閱讀,就愛上了閱讀。我是一個好奇心旺盛的人,喜歡學習新事物,體驗新事物,思考新事物去探究、理解和汲取……有時是一本關於科學的書、有時是一本談人類歷史的書、有時則是一本有關領導者如何克服難關的書……。我發現這個過程是成長、學習和獲得洞察力的機會,我認為這非常有價值。

And I've loved it since I was a little five-year-old or six-year-old when I started reading. And one of the characteristics I have is I am a very curious person, so I like to learn new things and experience new things and think about new things to read about and understand and grapple with…and sometimes it'll be a book on science, sometimes it'll be a book on human history, sometimes it'll be a book on somebody who's in a leadership position and how they dealt with difficult things……And I find that process as an opportunity to grow and to learn and gain insight. And I think that's incredibly valuable.

麥爾荀伯格 Viktor Mayer-Schönberger

大數據專家、英國牛津大學網路研究所教授

閱讀為我開啟通往世界的大門,每當我坐在我的小房間裡,想認識這個世界的時候,我唯一需要做的就是——打開一本書並閱讀它,這就是通往世界的那扇窗。沒有閱讀,我依然是奧地利農村那個呆呆的孩子,我將一切都歸功於閱讀。

It opened the gate to the world to me. Whenever I was sitting in my little room where I grew up and I wanted to discover the world, the only thing that I needed to do is to open a book and to read. It's that window into the world. Without it, I would be that stupid kid still in rural Austria. I owe everything to reading.

卜睿哲 Richard C. Bush

美國在台協會前理事主席、台灣問題專家

　　從十幾歲起，無論我去到哪裡或是在做什麼，總是帶著幾本書。一旦有空檔，或是正在搭火車、公車，我就能在路上學到一些東西。可以說，這一直是我生活的一部分。我想，部分原因是我的父親——他是一個學者，所以有很多很多的書。但我認為，讀書最大的好處是讓讀者深入了解問題，讀書所能獲得的深度，比你從《每日新聞》、電視或社交媒體上要大得多。當今世界的問題非常複雜，除非你對事情深入了解，否則對如何解決這些問題很難有較好的見解。因此，最重要的是：要對閱讀各種讀物保持開放態度，藉此得到更深刻、廣泛的理解和樂趣等等。我認為同樣重要的是，要有能提供優良內容的好書——我認為貴公司就出版了許多好書。你們通過各種出版各種書籍和雜誌，對台灣的公民生活做出了很大的貢獻。

From the time I was a teenager, wherever I went, whatever I was doing, I always had something to read with me. You know, if I had a break, or if I was riding on the train or the bus, I would be able to learn something on the way. And so that's been part of my life. I think part of the reason for that is that my father was a scholar, and so he had lots and lots of books. But I think that one of the great advantages of reading is that it allows the reader to gain an in-depth understanding of the problem. Much more in depth than you get from the daily news, or from TV or from social media. And the problems of the world today are very complex, and unless you have an in- depth understanding, you're not going to have a good view of how to address those problems. And so, it's very important to be open to reading all kinds of things for gaining greater understanding, for entertainment, and so on. I think that it's also important that there are entities that can provide good reading material, and I think your company is one of them. And you have made a big contribution to Taiwan civic life by printing the kinds of books that you do, and publishing the kinds of magazines that you do.

精 采 四 十 · 書 與 人 的 相 遇

1982——→1992

打開
華文世界出版的
一扇窗

「遠見‧天下文化事業群」創辦人。左起高希均、張作錦、王力行

1982

1992

觀念播種

1982

▶ 創辦「天下文化」。原名為「經濟與生活出版公司」，後改名「天下文化出版公司」。創業作為高希均《經濟人與社會人》

1982年「天下文化」成立，啟動「讀一流書、做一流人」的新風潮

1983

▶ 出版畢德士、華特曼合著的《追求卓越》，提供台灣企業經營實務重要啟示

1984

▶ 發行「天下的書」，採報紙型編排，建立與讀者雙向溝通的管道，後改為「書的天下」，裝訂成冊

1984年發行「天下的書」，建立與讀者雙向溝通的管道

1985

▶ 出版《反敗為勝：汽車巨人艾科卡自傳》，並陸續出版在台灣經濟發展上影響深遠的重要人物多本著作，如蔣碩傑、王作榮、于宗先、孫震、王永慶等

1986

▶ 成立「工作心理」系列，後改名「心理勵志」系列，出版《樂在工作》成立「天下人知識」系列，首波即推出三十二開小套書十冊，為國內出版界首度出現的非圖像小套書

▶ 出版張國安自傳《歷練》，首開國內企業家傳記出版風氣

▶ 成立「天下書友會」，於台北、台中、高雄、花蓮舉行巡迴演講

▶ 高希均著作《經濟學的世界》榮獲行政院新聞局圖書金鼎獎

1987

▶ 成立「遠見叢書」系列，後更名為「社會人文」系列

▶ 突破重重險阻，於第一時間出版著名天文物理學家方勵之《我們正在寫歷史》，揭示共產中國追尋現代化的矛盾與衝擊，為第一本新聞局核定的大陸人士著作，形成一股方勵之旋風

方勵之夫婦受天下文化之邀首次訪台。右起為天下文化發行人王力行、方勵之與李淑嫻夫婦、天下文化創辦人高希均。

▶出版李國鼎《工作與信仰》、趙耀東《我們不能再等待》

1988

▶成立「天下經典」系列

▶出版大陸著名作家吳祖光《將軍失手掉了槍》、蕭乾《我要採訪人生》

1989

▶「經濟與生活出版公司」改名為「天下文化出版公司」

▶出版《中國在那裡》，為當時了解中國大陸的重要著作

1990

▶出版趨勢大師奈思比的《二○○○年大趨勢》，引起極大迴響

人才培養是天下文化的重中之重，1990年初入天下文化業務部的林天來（左二）與同仁鄭懷超（左一）赴日取經，參加東京書展並與東販出版社交流

▶《樂在工作》等八本書授權大陸北京三聯公司出版簡體字版

1991

▶出版全球出版史上最暢銷的書之一《與成功有約》，長銷四十年，繁體中文版暢銷逾四十萬冊，內容涵蓋高階管理、工作職場和心靈成長等層面，影響深遠

▶成立「全方位思考」系列，後改名「科學文化」系列，出版《混沌》《居禮夫人》《全方位的無限》等，開創科學文化圖書出版新潮流，並舉辦「科學與人文的對話」系列座談

在天下文化科學顧問（左起）周成功、李國偉、牟中原、林和等人的熱情引介下，共同催生科學文化系列，開創國內科普讀物的閱讀風潮

▶《台灣經驗四十年》授權大陸國際文化公司出版簡體字版，隔年授權日本聯合出版社出版日文版

1992

▶陸續出版地質學大師許靖華的《大滅絕》《古海荒漠》、梭羅《世紀之爭》等書，分別從科學和和政治經濟學的角度探討人類的演化與關鍵轉折

▶舉辦「全閱讀時代」系列演講

作育英才無數的管理學大學者

許士軍

▶ 作者在天下文化出版的第一本書

1983/9/30　放眼世界談管理

　　國內管理學界地位崇高的學者，研究領域廣及行銷、策略、組織、國際企業等，由於畢業自台大經濟系、政大政治研究所，並取得密西根大學 MBA 及管理博士學位，因此熟悉經濟、政治、產業等議題，視野寬廣。研究的縱深廣度，備受社會推崇。其教育經歷包括政大企管系系主任、企管研究所所長、新加坡國立大學管理學院行銷學系主任、台大管理學院首任院長，並創辦長庚管理學院。亦曾擔任元智大學講座教授暨校聘教授及中華民國群我倫理促進會理事長，同時也是美國行銷學會、美國國際企業學會、美國行銷科學學會的會員。1989 年曾獲頒我國管理學界最高榮譽之管理獎章。從事企業管理教學至今四十餘年，國內知名管理學者及企業高階主管，甚多出自他的門下。現為逢甲大學人言講座教授、經濟部「服務業創新研發計畫」召集人聯席會議共同總召集人、台北金融研究發展基金會常務董事等。

　　管理實務經歷相當豐富，曾擔任中油公司常務董事，台電、華航、台灣證券交易所、中國生產力中心董事以及高雄銀行董事長，目前為多家民營事業獨立董事。著作除論文外，包括《國營事業之監督》《國際行銷管理》《管理：規劃與創新》《多國公司的發展與前瞻》《現代行銷管理》《管理學》《IBM，MBA 與吃角子老虎》《放眼天下談管理》《卓越的台灣管理模式》《轉型中的我國大學及管理教育》《邁向 21 世紀的管理》《許士軍為你讀管理好書》等十餘種。

李國鼎（歿）

深具前瞻性的「台灣科技教父」

● 1987/6/30　工作與信仰

1910 年生於南京市，中央大學物理系畢業後，進入英國劍橋大學做研究，師從諾貝爾獎得主拉塞福。對日抗戰時期，他毅然返國，參加防空照測部隊及戰時鋼鐵生產工作。

來台後，歷任台灣造船公司總經理、經濟安定委員會委員、美援會祕書長、經合會副主委、經濟部長、財政部長、行政院政務委員、總統府資政。從早期推動加工出口區到後來協助策劃科技發展方案，創設科學園區，促進國際合作等，李國鼎先生對台灣經濟建設貢獻良多。1968 年獲頒有東方諾貝爾獎之稱的麥格塞塞獎「政府服務獎」，外媒稱他為「中華民國工業發展奇蹟的締造者」。哈佛大學特別成立「李國鼎講座」，是第一位榮獲劍橋大學伊曼紐學院「榮譽院士」名銜的東方人。

1981 年，高希均與兩位台灣經濟奇蹟的重要推手李國鼎（中）、趙耀東（右）於台北晤談後合影。

王作榮（歿）
台灣第一位政策經濟學家

● 1983/9/30　掌握當前經濟方向

1919 年出生於湖北省漢川縣西王家村。1943 年國立中央大學經濟學系畢業。1949 年取得美國華盛頓州立大學文學碩士，1959 年取得范登堡大學碩士學位，任職於行政院美援會。曾任台灣大學教授、文化大學教授以及主任、所長。1964 年開始擔任《中國時報》主筆，1978 年開始擔任《工商時報》主筆。1984 年任考試委員，1990 年任考選部長，1996 年任監察院長，並於 1999 年退休，潛心著述。

在天下文化的著作包括《壯志未酬》《為台灣補上一堂經濟課》《真話》《與登輝老友話家常》《也是沉淪與提升》《鐵口直斷》等。

趙耀東（歿）
深受民眾愛戴的「鐵頭部長」

● 1987/6/30　我們不能再等待

江蘇省淮陰縣人，國立武漢大學機械系畢業，留學美國麻省理工學院，攻讀機械工程。回國後曾任資源委會技正，及天津機械廠總廠長。來台後，一直擔任民營企業的負責人，曾參與籌建中本紡織廠，後升任總經理，並先後前往越南、新加坡籌建紡織廠、染整廠。1986 年中任中國鋼鐵公司籌備處主任，展開公職生涯，由於中鋼建廠順利、管理績效卓著，因此出任經濟部長，曾任經建會主委，兼中美貿易專案小組召集人。

著有《我們不能再等待》《平凡的勇者》等書。

于宗先（歿）
從詩人到中研院院士的經濟學家

● 1985/9/30　突破經濟觀念中的繭

　　曾經以詩人身分名聞一時，在大學時代，于宗先以「法天」的筆名在報刊上發表詩作。年輕的詩人後來棄筆而去，在經濟學的領域上大放異彩，於1988年獲選為中研院的經濟院士。

　　美國印地安那大學經濟學博士，曾任台灣大學經濟系教授，中央研究院經濟所所長，中央研究院評議員，中華經濟研究院院長，並兼任中央政府經濟、教育、統計、研究等部門顧問、諮詢委員及委員。研究專長為經濟預測、國際貿易及兩岸經濟發展等。主要著作包括《經濟預測》《當代中國對外貿易》《突破經濟觀念中的繭》《經濟挑戰的回響》《經濟發展啟示錄》《蛻變中的台灣經濟》《台灣泡沫經濟》《台灣經濟發展的困境與出路》《台灣通貨膨脹》《泡沫經濟與金融危機》《台灣土地問題》《浴火中的台灣經濟》《一隻看得見的手》《兩岸農地利用》等書。

王永慶（歿）
台灣的「經營之神」

● 1984/5/31　談經營管理

　　台灣最大民間企業台塑集團創辦人。1954年籌資創辦台塑公司，1957年建成投產。靠「堅持兩權徹底分離」的管理制度，他的台塑集團發展成為台灣企業的王中之王，下轄台灣塑膠公司、南亞塑膠公司、台灣化學纖維公司、台灣化學染整公司等多家公司，在美國還經營著幾家大公司，員工七萬多人；資本額在1984年就達45億多美元，年營業額達30億美元，占台灣國民生產毛額的5.5%，在民間企業中首屈一指。

　　在80年代與台塑集團有著存亡與共關係的下游加工廠超過一千五百家，在世界化學工業界則居五十強之列，是台灣唯一進入世界企業五十強的企業王。

蔣碩傑（歿）
首位獲諾貝爾經濟學獎提名的華人經濟學家

● 1985/4/30　台灣經濟發展的啟示

1918 年生於上海。1941 年獲倫敦政經學院經濟學學士，1943 年在經濟學大師海耶克推薦下，獲得獎學金入倫敦政經學院研究所。該年 11 月在《經濟學刊》撰文批駁凱因斯人口成長與就業關係的文章。1945 年以流動分析（flow approach）理論探討經濟發展，獲得經濟學博士。

在倫敦政經學院就學期間，獲得象徵最佳論文的「赫其森銀牌獎」。曾任教於北京大學、台灣大學、美國羅徹斯特大學和康乃爾大學。他率先為台灣引進自由主義市場經濟思潮，曾於國際貨幣基金擔任研究工作長達十年，回國後出任台灣經濟研究院首任院長，之後又擔任首任中華經濟研究院院長。因其對台灣財經政策貢獻良多，1958 年膺選為中央研究院院士，他也是首位獲諾貝爾經濟學獎提名的華人經濟學家。

張國安（歿）
台灣的艾科卡

● 1987/3/25　歷練：張國安自傳

生於 1926 年，為三陽工業的共同創辦人，之後興辦豐群、益群水產公司。

生於台北內湖佃農家庭，考取台北工業學校機械系後，因經濟問題轉至夜間部半工半讀，但仍堅持完成學業。他從推銷進口摩托車起家，經過三十多年，由他擔任總經理的三陽公司成為十大台灣大型民營製造業之一。他先後興辦豐群、益群水產公司，擺脫日商對台灣漁業的控制和剝削，基地遍及各大洲，被譽為「日不落的豐群」。

約翰・奈思比（歿）

世界著名未來學家

John Naisbitt

● 1990/4/15　2000年大趨勢

　　世界著名趨勢專家、未來學家，2013年度中國政府「友誼獎」、第五屆中華圖書特殊貢獻獎得主，擁有人文科學、科技等領域的十九個榮譽博士學位，南開大學、天津財經大學、南京大學、雲南師範大學及莫斯科國立大學客座教授。曾任美國甘迺迪政府教育部副部長、詹森總統特別助理，馬來西亞戰略與國際研究所榮譽國際研究員。

　　1982年出版的《大趨勢》一書，銷量逾1400萬冊，奠定其作為未來學家的堅實地位。2009年，在多年深入調查中國的基礎上，出版了《中國大趨勢》一書，在全球廣受好評。他每年都會周遊世界數次，幾乎在全球各大型企業都發表過演講。其著作有《2000年大趨勢》《全球弔詭》《亞洲大趨勢》《Mind Set！奈思比11個未來定見》《中國大趨勢》《全球大變革》（以上均由遠見天下文化出版）。

2007年奈思比應遠見・天下文化事業群邀請，來台舉辦大型論壇，台北國際會議中心座無虛席（遠見提供，蘇義傑攝）。

大前研一

知名趨勢大師

Ohmae Kenichi

⬤ 1985/8/5　21 世紀企業全球戰略

國際知名趨勢大師。1943 年出生於日本福岡縣。早稻田大學理工學部學士，東京工業大學原子核工學碩士，麻省理工學院（MIT）原子力工學博士。

曾任日立製作所原子力開發部工程師，1972 年進入麥肯錫顧問公司，歷任總公司資深董事、日本分公司社長、亞洲太平洋地區會長。離開麥肯錫之後，仍以全球觀點及大膽創見，為國際級企業及亞洲太平洋地區國家提出建言。

2005 年設立日本第一所利用遠距教學的管理研究所「商業突破研究所大學」（Business Breakthrough School, BBT），並擔任校長，致力培養日本未來優秀人才。著作包括《新・企業參謀》《旅行與人生的奧義》《思考的技術》《M 型社會》《一個人的經濟：成熟市場也有大金礦》《低欲望社會》《再起動：職場絕對生存手冊》《專業：你唯一的生存之道》《全球舞台大未來》《OFF 學》《後五十歲的選擇》《即戰力》《企業參謀》《異端者的時代》《看不見的新大陸》《無國界的世界》《新・資本論》等書。

盛田昭夫 （歿） Morita Akio

締造戰後日本奇蹟的企業家

● 1987/2/1　新力與我：隨身聽先生盛田昭夫自傳

　　日本公司國際化的先驅、SONY 公司共同創始人。1946 年，盛田昭夫在井深大邀請之下，共同創立東京通訊工業株式會社，並於幾十年內發展為國際著名大企業。在戰後經濟艱困的年代，他創造了許多「日本第一」如世界上第一台半導體電視；生產出第一台家庭錄影機等。他所主持的 SONY 公司成為日本第一個在紐約證交所上市的公司。

　　盛田昭夫在 1971 年成為 SONY 公司總裁，並於 1976 年出任會長。1980 年代，SONY 的隨身聽錄音機風行全球，「日本製造」也成為高品質電器的代稱。盛田昭夫曾被選為二十世紀最具影響力的亞洲人士之一，同時也是二戰後協助日本從廢墟中重新站起來的重要企業家之一。

艾科卡 （歿） Lee Iacocca

美國汽車界最具傳奇性的成功人物

● 1985/2/28　反敗為勝：汽車巨人艾科卡自傳（諾華克合著）

　　義大利移民後裔，生於 1924 年。美國理海大學工業工程系畢業，普林斯頓大學碩士。畢業後，即進入福特汽車任職，1970 年升任福特總裁，風光一時；不料八年後，竟被亨利福特二世開革。

　　不久，他便以一元美金的年薪，擔任當時瀕於破產邊緣的克萊斯勒汽車公司總裁。經過他大力闊斧的改革，終於使克萊斯勒起死回生，重拾美國第三大汽車公司的雄風。

　　艾科卡白手起家，闖蕩美國汽車工業三十餘年，連任美國兩大汽車公司總裁，不但成為美國家喻戶曉的風雲人物，更是近代美國汽車界最具傳奇性的成功人物。

畢德士
國際級管理大師
Thomas J. Peters

● 1983/3/15　追求卓越：探索成功企業的特質

畢德士

康乃爾大學土木工程學士及碩士，史丹佛大學企管碩士及博士。曾擔任白宮防止藥物濫用顧問。1974 至 1981 年任職於麥肯錫顧問公司，並於 1977 年成為合夥人，後創辦顧問公司 Tom Peters Group，每年舉辦多次演講，並為 Tribune Media Services 撰寫專欄。

華特曼（合著）

著有《企業變革的力量》《高價值企業／美式管理哪做對了》等。他是華特曼集團（The Waterman Group, Inc）的總監。

大衛・奧格威（歿）
廣告之父
David Ogilvy

● 1987/7/30　廣告大師奧格威

1911 年生於英國英格蘭，畢業於費堤大學先修預校，獲獎學金到牛津大學短暫研讀過歷史。當過見習廚師、推銷員、農夫的奧格威移民美國後，曾在蓋洛普博士手下做過研究調查，在這裡他學到，使用正確無誤的研究方法來掌握事實，至為重要。

1948 年他以 6 千美元在紐約創立奧美廣告公司，他的理念是：廣告不是為發揮創意或娛樂大眾，而是要把廣告主的東西賣出去；他也強調廣告的基礎是必須先取得消費者的相關資訊，正確了解廣告對象。多年來，奧格威創作過許多富有創意的廣告，如海瑟威襯衫、勞斯萊斯汽車、多芬香皂等，並贏得盛譽，被《時代》雜誌稱為「最炙手可熱的廣告怪傑」。

被稱為「廣告之父」的奧格威，為廣告世界開創了新手法，影響力至今仍在擴散。晚年居住在法國的私人古堡中，直到 1999 年去世為止。著有《廣告大師奧格威》《一個廣告人的自白》《奧格威談廣告》等書。

理查・費曼（歿）

Richard P. Feynman

多采多姿的教育家、科學奇才

● 1991/7/31　你管別人怎麼想

1918 年生於紐約市布魯克林區，1942 年獲得普林斯頓大學博士學位。二戰期間曾在美國新墨西哥州的羅沙拉摩斯（Los Alamos）實驗室，參與研發原子彈的曼哈坦計畫，隨後任教於康乃爾大學以及加州理工學院。1965 年，由於費曼在量子電動力學的成就，與朝永振一郎、許溫格共同獲得諾貝爾物理獎。

費曼博士為量子電動力學理論解決不少問題，同時首創了一個解釋液態氦超流體現象的數學理論。後來數年，費曼成為發展夸克（quark）理論的關鍵人物，提出了在高能量質子對撞過程中的成子（parton）模型。在這些重大成就之外，費曼博士將一些基本的新計算技術跟記法介紹給物理學，其中包括幾乎無所不在的費曼圖，從而改變了基礎物理觀念化與計算的過程。

費曼也是一位相當能幹有為的教育家，曾於 1972 年獲得厄司特杏壇獎章（Oersted Medal for Teaching），令他相當珍視。他的作品裡外都散發著鮮活、多采多姿的個性。在物理學家正務之餘，費曼也曾把時間花在修理收音機、開保險櫃、畫畫、跳舞、表演森巴小鼓、甚至試圖翻譯馬雅古文明的象形文字上。他永遠對周圍的世界感到好奇，是位「一切都要積極嘗試」的模範人物。1988 年 2 月 15 日，費曼在洛杉磯與世長辭。著有《你管別人怎麼想》《別鬧了，費曼先生》《費曼的主張》和《費曼的物理學講義》等。

▶ 許靖華
國際知名地質學家
Prof. Dr. Kenneth J. Hsu

● 1992/4/30　大滅絕

　　知名地質學家。1929 年生於南京，19 歲獲中央大學理學士學位，以優等生獲政府獎學金赴美國俄亥俄州立大學深造，25 歲成為美國 UCLA 理學博士。其研究範圍廣闊，包括造山事件、混雜堆積、印支期造山帶、古特提斯、地質演化、海洋浮游生物、集群滅絕、全球性生物事件、深海沉積、古海洋學等。曾獲歐洲及北美地區地球科學界的最高榮譽 Wollaston 獎章和 Penrose 獎章，並獲選為中央研究院、美國國家科學院、第三世界科學院等研究機構院士，並擔任中央研究院、倫敦大學學院以及多所大學院校的榮譽教授。

　　近年關注能源、水與環境問題，著有《大滅絕》《古海荒漠》《孤獨與追尋：地質學大師許靖華的成長故事》（以上為天下文化出版），以及《氣候創造歷史》等書。

▶▶ 戴森 （歿）
一代傳奇物理大師
Freeman Dyson

● 1991/7/31　全方位的無限

　　英國物理學家，美國國家科學院院士與倫敦皇家學會院士，美國物理學學會會士。曾任普林斯頓高等學術研究院擔任物理學教授。2000 年榮獲鄧普頓宗教促進獎（Templeton Prize for Progress in Religion）。

　　出生於英國，曾在二戰期間擔任皇家空軍科學家，於 1947 年前往美國康乃爾大學求學，與漢斯・貝特（Hans Bethe）、理查・費曼一同研究，開發出對使用者友善的原子與輻射行為計算方式。他也研究核子反應爐、固態物理學、鐵磁性、天文物理學與生物學，尋找可以有效應用優美數學的問題。著有《全方位的無限》《宇宙波瀾》《想像的未來》（以上為天下文化出版）和《反叛的科學家》等書。

▶ ## 葛雷易克 James Gleick

全球知名科普作家

● 1991/7/31　混沌（林和 譯）

　　哈佛大學畢業，全球知名科普作家。曾任普林斯頓大學麥格羅傑出講師、《美國最佳科普選集》首位編輯。任職於《紐約時報》時，因撰寫霍夫史達特、費根鮑及曼德博等著名科學家之報導，轉而成為科學記者。他專精報導科學與科技的最新概念，善於用細膩、生動的文字來解說科學。

　　《混沌》出版後，即全球熱銷，「蝴蝶效應」也從此成為家喻戶曉的名詞，至今已翻譯成二十五種以上的語言，並獲得普立茲獎與美國國家非文學類書獎決選。葛雷易克另著有描寫費曼的《天才》（*Genius*），以及《牛頓》（*Isaac Newton*）等暢銷書，皆入圍普立茲獎決選。

▶▶ ## 沙卡洛夫 Andrei D. Sakharov

（歿）

蘇聯「氫彈之父」、諾貝爾和平獎得主

● 1991/7/31　沙卡洛夫回憶錄（上下二冊，牟中原、鄭懷超 譯）

　　知名前蘇聯原子物理學家、人權鬥士。曾主持蘇聯第一枚氫彈的研發，有「蘇聯氫彈之父」之稱，專注於核融合、基本粒子、宇宙射線、重子生成等領域的研究。因反對獨裁極權專政，積極呼籲蘇聯進行民主改革，在 1975 年獲得諾貝爾和平獎。歐洲議會為了紀念他，將歐洲最負盛譽的人權獎取名為「沙卡洛夫獎」，以紀念這位物理學家對人權所做的努力與貢獻。

孫震
學貫中西的「君子經濟學家」

⬤ 1982/8/1　成長與穩定的奧秘

國立台灣大學經濟系畢業，獲美國奧克拉荷馬大學經濟學博士。歷任台大經濟系教授、台大校長、國防部長、財團法人工業技術研究院董事長、元智大學遠東經濟講座教授等職。現為台大名譽教授、台大經濟研究學術基金會董事長、中華教育文化基金會董事長。

1982 年的《穩定與成長的奧秘》，是天下文化出版的第二本書；2004 年的《理當如此，企業永續經營之道》於天下文化 25 週年時被選為最有影響力的三十本書之一；2021 年最新力作《孔子新傳：尋找世界發展的新模式》以經濟學家視角剖析儒家思想核心，為世界發展的下一步擘劃嶄新模式。其他著作包括《儒家思想在二十一世紀》《半部論語治天下》《儒家思想的現代使命》《世事蹉跎成白首》《世界經濟走向何方？點亮儒學的明燈！》《現代經濟成長與傳統儒學》《企業倫理與企業社會責任》《人生的探索與選擇》《台灣高等教育發展的方向》《經濟發展的倫理基礎》《人生在世》《台灣經濟自由化的歷程》《時還讀我書》《台灣發展知識經濟之路》等。

2021 年 5 月，孫震（右二）獲「君子經濟學家」，由錢復（左一）頒獎，書畫家歐豪年特別送來一幅書法祝賀。

許倬雲

半世紀以來的重要華文史學家

1991/4/25　現代文明的批判

1930 年生於江蘇無錫，1953 年台灣大學歷史系畢業，1956 年台灣大學文科研究所碩士，1962 年美國芝加哥大學哲學博士，同年返國擔任台灣大學副教授。歷任中研院研究員、台灣大學歷史系系主任、美國匹茨堡大學教授，中央研究院院士。

重要著作有：《中國古代社會史論》《漢代農業》，和《從歷史看管理》《西周史》《求古篇》《現代文明的批判》《風雨江山》《華夏論述》（以上三書為天下文化出版）等書。

金耀基

兩岸三地的重要學者、中研院院士

1988/1/20　中國人的三個政治

台灣及香港社會學家、政治學家和教育家，中央研究院院士。

生於 1935 年 2 月，浙江天台縣人。台北市立成功高級中學畢業，國立台灣大學法學士，國立政治大學政治學碩士，美國匹茲堡大學哲學博士。曾任新亞書院院長、香港中文大學校長，於英國劍橋大學、美國麻省理工學院、德國海德堡大學等校訪問研究。香港中文大學社會學榮休講座教授，主要研究領域為中國現代化及傳統在社會、文化轉變中的角色。於天下文化出版《中國人的三個政治》《兩岸中國民主的反思》。

▶ 張作錦

現代新聞人的學習典範

● 1988/8/10　牛肉在那裡

資深媒體人。國立政治大學新聞系畢業，終身只有一個工作：記者。

曾任《聯合報》記者、採訪主任、總編輯，紐約《世界日報》總編輯，《聯合晚報》《香港聯合報》和《聯合報》社長，《聯合晚報》副董事長。現任《聯合報》顧問。曾獲圖書金鼎獎、中山文藝獎、星雲真善美新聞獎「終身成就獎」，他也是新聞界獲頒總統文化獎和二等景星勳章的第一人。

著有《姑念該生：新聞記者張作錦生平回憶記事》《牛肉在哪裡》《試為媒體說短長》《誰在乎媒體》《那夜，在安德海故宅，思前想後》《一杯飲罷出陽關》《思維遠見》《誰與斯人慷慨同》《誰說民主不亡國》《江山勿留後人愁》等。

高希均
遠見・天下文化事業群董事長

● 1982/5/1　經濟人與社會人

南京出生，江南度過童年，1949 年來台。先後在台北商業大學（原為台北商職）、中興大學（原為省立台中農學院）與美國南達科達州立大學（碩士）畢業，並獲三校傑出校友獎。

1964 年獲美國密西根州立大學經濟發展博士後，即任教於美國威斯康辛大學（河城校區）經濟系逾三十年，先後獲得美國傑出教育家獎、傑出教授獎、威州州長卓越貢獻獎、傑出校友獎等。

1980 年代在台灣發起創辦《天下》雜誌、《遠見》雜誌與「天下文化」。現為「遠見・天下文化事業群」董事長。

曾任台灣大學講座教授、海基會董事、行政院政務顧問。2002 年金鼎獎特別貢獻獎；2013 年後先後獲亞洲大學、中興大學（2014）、台北商業大學（2020）名譽管理學博士；2016 年總統頒授二等景星勳章。

著作三次獲金鼎獎。中文著作在台北出版三十餘種，合著與主編約二十餘種，大陸出版九種。

王力行
遠見・天下文化事業群發行人兼執行長

⬤⬤ **1988/10/25　請問，總統先生**

政大新聞系畢業後，一直獻身於新聞及出版事業，在 1970 年代主編《婦女雜誌》與《綜合月刊》，並赴港任《中國時報》香港辦事處主任。1981 年與高希均、殷允芃共同創辦《天下》雜誌，並任副總編輯。1982 年創辦「天下文化出版公司」，1986 年創辦《遠見》雜誌。現為「遠見・天下文化事業群」發行人兼執行長。

擔任《遠見》雜誌總編輯期間，帶領雜誌獲新聞局雜誌報導金鼎獎、雜誌公共服務金鼎獎、花旗銀行財經新聞獎、新聞評議會兩岸新聞報導獎、吳舜文新聞獎等獎項。獲選為政治大學八十風雲校友、107 學年度傑出校友。

著有《無愧：郝柏村的政治之旅》《請問，總統先生》《寧靜中的風雨：蔣孝勇的真實聲音》《字裡行間》《與時代的對話》《你知道的遠比你想像的少》《一生帶著走的能力》等書。

▶▶ **鄭瑞城**
溫和堅定的傳播學者

● 1988/8/15　透視傳播媒介

　　1946 年生，宜蘭縣成功國小、宜蘭中學（今宜蘭高中）畢業，考入政治大學邊政系，第二年轉新聞系，後於美國俄亥俄州立大學取得新聞學碩士和傳播學博士。

　　曾經擔任政大新聞系主任、新聞研究所所長、2000 年當選政大校長並連任。2008 年獲行政院長劉兆玄提名為教育部部長，在部長任內發揮其善於聆聽、溝通的傳播學者特質，化解許眾多危機，以堅定溫和的風格，致力讓教育回歸專業，脫離意識型態和政治紛擾。

▶▶ **漢寶德**（歿）
接軌國際的建築名家

● 1983/5/20　都市的幻影

　　成大建築系畢業，美國哈佛大學建築碩士及普林斯頓大學藝術碩士，曾任東海大學建築系系主任、台南藝術學院校長、國立自然科學博物館館長、世界宗教博物館館長等。培養國內建築、藝術人才不遺餘力；其所籌辦的國立自然科學博物館，是全球最受歡迎的博物館之一。亦曾擔任漢光建築師事務所主持人、總統府資政、文建會顧問等。

　　著有《都市的幻影》《東西建築十講》《築人間：漢寶德回憶錄》《建築母語》（以上為天下文化出版），以及《漢寶德談美》《談美感》《給青年建築師的信》《中國的建築與文化》等。曾獲中華民國建築學會建築獎章、國家文藝獎第一屆建築獎、雜誌最佳專欄金鼎獎。

方勵之（歿）
中國民主人權的啟蒙者和推動者

● 1987/9/1　我們正在寫歷史

　　1936 年 2 月 12 日生於北京，頂尖天文物理學家。離開中國前，曾任中國科學院學部委員、中國科技大學副校長，並參與創建中國高校首個天體物理實驗室。方勵之教授為中國第一代研究天體物理的重要人物，開展相對論天體物理及宇宙學研究，撰寫多本天體物理著作。

　　在 1980-90 年代曾為中華人民共和國異見人士，中國當代民主運動的領導人之一。天安門事件後赴美執教，2012 年 4 月辭世。

　　曾於天下文化出版《我們正在寫歷史》《方勵之自傳》等書。

傅高義（歿）
舉世公認的中日研究權威
Ezra F. Vogel

● 1985/1/31　贏的策略：美國反擊「日本」第一

　　哈佛大學亨利‧福特二世社會科學榮休講座教授，曾任費正清東亞研究中心兼亞洲中心主任。

　　精通中日文，舉世公認的中國專家以及日本研究權威。1979 年出版的《日本第一》，在西方和日本暢銷多年，對學界和政商界均產生重要影響；2012 年出版的巨著《鄧小平改變中國》入圍美國國家書評獎（National Book Critics Circle Award）終選書目，並榮獲全球外交事務類英文著作的最高獎項吉爾伯獎（Lionel Gelber Prize）。另著有《中國與日本》《贏的策略：美國反擊「日本第一」》《廣東改革》《躍升中的四小龍》《日本新中產階級》等。

▶ **史蒂芬・柯維（歿）**

人類潛能的心靈導師

Stephen R. Covey

⚫ 1991/1/15　與成功有約

　　哈佛大學企管碩士、楊百翰大學博士，國際知名教育訓練機構「富蘭克林柯維公司」（FranklinCovey Co.）共同創辦人。

　　《時代》（*Time*）雜誌稱譽柯維為「人類潛能的導師」，並獲選為全美二十五位最有影響力的人物之一；在領導理論、家庭與人際關係、個人管理等領域素負盛名，以深刻且直接的引導，畢生致力於向大眾證明，每個人都能掌握自己的命運。

　　柯維的其他重要著作，包括《成功哪有那麼難》《7個習慣教出優秀的孩子》《與生活有約》《與幸福有約》《與領導有約》《第8個習慣》《柯維經典語錄》《漫畫讀通柯維成功學》《第3選擇》及《讓好工作找上你》等。

▶ 派克（歿）

M. Scott Peck, M.D.

知名美國當代精神醫師暨作家

● 1991/11/20 心靈地圖 I

哈佛大學及凱斯西儲大學醫學博士，曾服務於陸軍醫療部隊、擔任精神科開業醫師。在 1984 年創辦了「團體激勵文教基金會」，提供心理專業指導，協助無數的組織建立真誠共識。派克醫師著書、演講不輟，是備受推崇的作家、思想家、精神科醫師以及深具影響力的精神導師。

▶▶ 魏特利

Denis Waitley

暢銷勵志作家

● 1986/4/10 樂在工作

魏特利

美國海軍官校畢業，擁有行為學博士學位。全美最受歡迎的演講者、《紐約時報》暢銷書作者，也是心理諮商與管理專家。他的錄音及錄影帶，廣為許多大公司總裁、政府官員、教育家、運動員以及學生所採用。

薇特 RENI L.WITT（合著）

傳播顧問及作家。著有《媽媽，我懷孕了》，被譽為此類書籍的經典之作。

蕭乾（歿）
深入歐洲戰場隨軍採訪的中國記者

● 1988/7/31　我要採訪人生

少數深入歐洲戰場隨軍採訪的中國記者

1910 年出生於北京，是漢化的蒙族。不僅是世界聞名的記者，更是卓有成就的翻譯家、作家。在二戰時期擔任《大公報》駐英記者，為曾採訪波茨坦會議、紐倫堡大審、聯合國成立大會，是極少數深入歐洲戰場隨軍採訪的中國記者之一。

吳祖光（歿）
知名戲劇學者、電影編導

● 1988/7/31　將軍失手掉了槍

江蘇常州人。1917 年生於北京。曾任《新民晚報》副刊編輯，《清明》雜誌主編。1947年前往香港，曾任香港大中華影片公司編導、香港永華影業公司導演。1949 年後回到北京，擔任北京電影製片廠導演，曾將梅蘭芳的舞台表演拍攝為多部電影如《白蛇傳‧斷橋》《宇宙鋒》《霸王別姬》《貴妃醉酒》等。

於 1957 年反右運動中，赴北大荒勞改三年，後獲得平反，於 1960 年回京，擔任過中國戲曲學校、中國戲曲研究院、北京京劇院編劇，文化部藝術局專業創作員，中國文聯委員、中國戲劇家協會常務理事、副主席，友誼出版公司名譽董事長等職。代表作有《鳳凰城》《風雪夜歸人》《闖江湖》《花為媒》等劇本。

精采四十・書與人的相遇

1993 ———▶ 2002

進入二十一世紀，
我們依然相信閱讀

2002 年，天下文化創辦人高希均獲金鼎獎特別貢獻獎，於宜蘭頒獎會場留影

1993

1993
▶出版《別鬧了，費曼先生》，再度掀起科普書閱讀風潮

1994
▶出版《無愧：郝柏村的政治之旅》，創下發行四十五天十八萬冊的台灣出版紀錄

1994 年出版由王力行執筆的《無愧：郝柏村的政治之旅》，為關鍵年代留下珍貴歷史見證

▶出版管理大師彼得・聖吉的學習型組織聖經《第五項修練》

1995
▶出版《傳燈：星雲大師傳》，印行突破三十萬冊，並義賣典藏版，做為花蓮、台東等十二所國中圖書採購專款

▶出版資訊科技大師尼葛洛龐帝的劃時代經典《數位革命》

1996
▶出版《大愛：證嚴法師與慈濟世界》，為慈濟三十年留下真實紀錄

▶出版《活在當下》《漫步華爾街》《目標》等長銷書籍

2002

相信閱讀

1997
▶出版 POCKET BOOK 系列，推廣「口袋書」閱讀風潮，推動隨時隨地不忘閱讀的風氣

▶出版《二十世紀中國人的山河歲月》，紀念蔣經國先生逝世十週年

1998
▶成立「文學人生」系列，出版《我坐在琵卓河畔，哭泣》《阿拉斯加之死》等當代優質文學經典

1998 年天下文化正式推出「文學人生系列」，負責研發的許耀雲（右一）在新書發表及新系列創立記者會盛大昭告台灣書市一股新活力的加入

▶成立「科學天地」「自然人文」「資訊時代」系列，出版「產業研究分析領域」最重要的著作《競爭策略》

1999
▶成立「健康生活」系列，出版《病人狂想曲》《婦科診療室》《神經外科的黑色喜劇》等書，提升國內醫療品質，並促進和諧的醫病關係

2000

▶天下文化書坊網站 bookzone.cwgv.com.tw 開幕

2000 年出版由林海音女兒夏祖麗（左一）所寫的《從城南走來：林海音傳》，獲得《聯合報》讀書人年度最佳書獎

▶「九十三巷‧人文空間」開幕，為愛書人增添一畝精神園地

▶推動《愛補人間殘缺：羅慧夫台灣行醫四十年》精裝本義賣專案，共徵求到 500 位贊助者，所得全數均贈「財團法人羅慧夫顱顏基金會」

▶成立「哈佛商業評論精選」系列。出版《變革》《知識管理》等書，提供國人更具前瞻未來的管理走向

▶成立「科‧幻」「雙語」系列

2001

▶成立天下遠見讀書俱樂部，推動讀書新風潮，並創辦天下遠見讀書俱樂部會員專刊《書與人》

▶成立「風華館」系列，出版張系國、王蒙、余秋雨、黃效文等人著作，讓讀者更了解華文創作世界的真與善

▶成立「BOX」系列，出版《百變劉其偉》《朱銘的祕密花園》等書，透過賞心悅目的圖文，了解生活的創意及生命的智慧

▶與「金石堂書店」舉辦「喜讀節」，創下出版業與連鎖書店大規模合作先例

2002

▶天下文化二十週年，與「誠品書店」合辦週年慶活動，創下誠品週年慶與出版業合作先例

2002 年天下文化慶祝二十週年，特別擬定「送希望到蘭嶼」計畫，由時任蘭嶼鄉長周貴光接受王力行發行人贈書

▶出版企管哲學大師韓第經典作《大象與跳蚤》，邀請韓第來台演講

張忠謀

台灣半導體之父、台積電創辦人

● 1998/3/12　張忠謀自傳：上冊 1931-1964

1931 年生於浙江，美國麻省理工學院機械工程碩士；史丹福大學電機工程博士。

1958 年任職於美國德州儀器公司，歷任該公司全球半導體集團總經理以及總公司資深副總裁；1984 年任美國通用器材公司總裁；1985 年返台擔任工業技術研究院院長；1986 年創辦台灣積體電路製造公司，帶動台灣半導體業蓬勃發展；1988 年受聘為工業技術研究院董事長；1994 年創立世界先進積體電路公司，為台灣企業邁入 DRAM 時代樹立一個全新的里程碑。台積電開創的全球積體電路代工創新模式，引領台灣在世界半導體競賽中勝出，不僅名列全球百大科技企業前十強，也是全台市值最高的「護國神山」。三十多年來，「張忠謀」與「台積電」已是台灣科技與創新的代名詞。

2011 年獲全球最大的科技專業人士組織「全球電機電子工程師學會」（IEEE）頒贈 IEEE 榮譽獎章，截至 2022 年為止，只有三位華人獲此一電子電氣工程界最高獎章。

2003 年 11 月，組織學習大師彼得・聖吉訪台，與台積電董事長張忠謀同台暢談閱讀對組織成長的重要性。

▶ ## 施振榮

提出「微笑曲線」理論的「品牌先生」

⚫ **1996/5/15　再造宏碁（林文玲著）**

　　台灣省彰化縣人。國立交通大學電子工程研究所碩士。曾任宏碁集團董事長。宏碁集團在其帶領之下，成為台灣最大的自創品牌廠商，以及全球第七大個人電腦公司。美國《商業周刊》稱宏碁集團為「能夠持續企業開創精神的亞洲新巨人」；《世界經理人文摘》則指施振榮本人為「全球十五位最能創造時勢的企業家。」1976年獲選全國十大傑出青年，1981年當選全國青年創業楷模，1987年獲美洲中國工程師學會頒發「中國工程師傑出成就獎」，1993年獲頒國立交通大學名譽博士。他也是民間企業中推動台灣產業升級及國際化最不遺餘力的企業人士。相關著作包括《再造宏碁》（林文玲著）《宏碁的世紀變革》（張玉文著）《微笑走出自己的路》（林靜宜著）。

▶ ## 司徒達賢

台灣個案教學法先驅

⚫ **1999/9/10　非營利組織的經營與管理**

　　國立政治大學企業管理系畢業，美國伊利諾大學企業管理碩士，美國西北大學企業管理博士。致力於管理教育近四十年，以個案教學結合理論與實務，備受產學各界推崇。曾任國立政治大學副校長、國立政治大學企業管理研究所所長、國立政治大學公企中心副主任、財團法人商業發展研究院董事長、財團法人光華管理策進基金會執行長、北京大學光華管理學院董事、新加坡國立大學 EMBA 兼任教授等。曾獲中華民國管理科學學會「管理獎章」、中華民國科技管理學會「科技管理學會院士」、中華民國斐陶斐榮譽學會第十五屆「傑出成就獎」、中華民國管理科學學會「管理學報年度論文獎」等榮譽。著作多次獲頒經濟部中小企業金書獎。 在天下文化的著作有《司徒達賢談個案教學》《家族企業的治理、傳承與接班》《管理學的新世界》等書。

李誠
人力資源管理學者與專家

▶ 1999/12/27　人力資源管理的 12 堂課

美國麻省大學經濟學博士。1970 ～ 1992
年任美國明尼蘇達州立大學經濟學教授。曾任
台大、政大客座教授、中華經濟研究院副院
長、國際工業關係協會常務理事、中央大學管
理學院院長、中央大學講座教授兼副校長。

主要研究領域為人力資源管理、比較勞資
關係、知識經濟與經濟發展。主要著作除英文
學術期刊論文數十篇外，編有下列重要書籍
《人力資源管理的 12 堂課》《知識經濟的迷
思與省思》《從充分就業到優質就業》《險渡
金融海嘯》及《後 ECFA 時代台灣的經濟政策》
等。

苗豐強
台灣電腦資訊產業先驅

▶ 1997/6/25　雙贏策略

加州大學柏克萊分校電機及電腦工程學
士、聖塔克拉大學的企管碩士。曾任職於美國
英特爾公司，參與開發知名的 8080 微處理器
小組，素有「合資先生」之美譽。1976 年自
美國返台加入台灣的第一家電腦公司——神通
電腦，自此便一直扮演著台灣高科技產業及資
訊基礎建設推手的角色。歷任多項民間科技諮
詢委員職務，如國家資訊基礎建設小組（NII）
的民間諮詢委員會召集人，產業自動化及電
子化的民間諮詢小組（iAeb）召集人等。2002
年獲頒國立交通大學榮譽博士，2018 年入選
工業技術研究院院士。

著作《雙贏策略》（齊若蘭整理）曾獲經
濟部中小企業處 1998 年金書獎，是國際策略
聯盟叢書中的經典，現任聯華神通集團董事
長、工業總會理事長等。

周行一
財務金融研究學者專家

● 2000/9/5　投資學的世界

　　國立政治大學企業管理系畢業，赴美留學獲得美國印第安那大學企業管理碩士及商學博士學位，在美國聖塔克拉拉大學任教三年後歸國服務，2018年榮獲韓國成均館大學名譽教育學博士學位。

　　現為國立政治大學財務管理系教授、《哈佛商業評論》全球繁體中文版編輯委員會召集人、財金智慧教育推廣協會理事長。曾任國立政治大學校長、國立政治大學商學院院長、副院長、財務管理系所主任、商學院投資人研究中心主任、亞洲財務學會理事及副理事長、財務金融學刊總編輯等。著有《Life理財學》《經濟學的新世界》《生活經濟學》《投資學的世界》等。常於報章雜誌發表專論，並為公私立機構之諮詢、公益董事、獨立董事。

邱強
危機處理專家

● 2001/11/12　危機處理聖經

　　清華大學學士，麻省理工機械及核能博士，25歲時即以八個月的時間，用最高成績獲得麻省理工博士學位，是美國矽谷之外少數在年輕時就創業成功的華人，早年因為賣出他創立的危機保險公司而成為億萬富翁；他和家人與五個孩子目前住在加州拉霍亞區（La Jolla）。

　　三十多年來，他帶領以麻省理工學院專家為主的團隊，研發出零錯誤的思維，以及預防錯誤的十四種方法，並在1987年成立零錯誤公司，他的團隊處理超過5千件來自世界各地由人為錯誤及設備造成的重大危機。著有《危機處理聖經》《零錯誤》《零錯誤決策》等。

蘇國垚
知名餐旅經營導師

⬤ 2002/8/30　意外的貴人

　　美國加州州立科技大學 Pomona 分校旅館餐飲管理系學士。曾任台北亞都麗緻大飯店總經理、麗緻管理顧問公司執行副總裁、台中永豐棧麗緻酒店總經理、台南大億麗緻酒店總經理。現任國立高雄餐旅大學旅館管理系助理教授、中華航空董事長高級顧問，以及王品集團董事。

　　著有《位位出冠軍》《意外的貴人：一個旅館人的驚奇之旅》《新 eQ：成功，從禮（etiquette）開始》《只要比別人多 2% 就可以》等書。

邱顯比
基金理財研究學者與專家

⬤ 1999/2/8　基金理財的六堂課

　　1958 年生，台灣省桃園縣人。台大商學系國貿組學士，美國華盛頓大學財務博士，1989 年返台，擔任台灣大學財務金融學系教授。邱教授對於共同基金產業及退休基金產業發展參與相當深入，與李存修教授一同接受中華民國證券投資信託暨顧問商業同業公會委託，定期進行基金績效評比，使國內共同基金資訊能客觀而透明地向大眾公開。這項評比計畫所做的報告，為國內目前基金績效評比最具公信力者。曾任中華民國退休基金協會理事長，勞工退休基金監理會委員、公務人員退休撫恤基金管理委員會委員以及勞工保險基金諮詢委員等，積極推動退休制度改革與退休基金管理效率化。曾任台灣大學財務金融學系系主任暨研究所所長、台灣大學證券暨期貨中心主任、台灣財務學會監事、理事。著有《基金理財的六堂課》《退休理財的六堂課》(天下文化出版)。

石滋宜（歿）
台灣自動化之父

● 1998/4/20　向孔子學領導

東京大學工學博士，曾任中國生產力中心總經理、全球華人競爭力基金會董事長。輔導逾4千家中小企業成功轉型，並配合行政院執行「生產自動化推行計畫」，以及經濟部執行「全面提高生產力運動」、「全面提昇產品品質計畫」及「中小企業技術引進服務計畫」等重要專案，是將台灣推上亞洲四小龍之首的功臣之一，被稱為台灣「自動化之父」。

著有《學習革命》《向孔子學領導》（以上為天下文化出版）《世紀變革與學習革命》《總裁的六大學習》《石滋宜談企業出路》《石滋宜談競爭力》《經營DNA》《邁向世界的競爭力》等數十本中外作品。

溫世仁（歿）
發明台灣第一部迷你電腦

● 2001/6/30　溫世仁觀點

台大電機研究所畢業，求學期間發明我國第一部迷你電腦。曾任金寶電子總經理25歲即獲得國家青年獎章的肯定。 1980年加入英業達公司，1988年任英業達公司副董事長，主導該公司的策略發展，創新不懈，被讚譽為「拿著望遠鏡看世事變遷的趨勢大師」。曾出任APEC企業諮詢委員會代表一職。滿懷人文心的溫世仁創立「明日工作室」，在天下文化著有《溫世仁觀點：新經濟、新工作、新財富》《溫世仁觀點：中國經濟的未來》等作品。2003年辭世，得年57歲。

▶ 現代管理學之父

彼得・杜拉克 (歿)

Peter F. Drucker

● 2001/4/30　21 世紀的管理挑戰

1909 年出生於奧地利維也納，從小興趣廣泛，喜歡接觸新事物，擁有法蘭克福大學國際公法學博士學位，曾擔任報社記者、證券分析員、經濟分析師。

杜拉克經歷過兩次世界大戰、全球經濟大恐慌，親身見證德、日兩國戰後的復甦、共產國家的興起與瓦解。動盪時代帶給杜拉克的刺激，對他日後的思想產生了深遠的影響。1937 年移居美國後，曾任教於紐約大學商學研究所，專攻企業策略及政策研究。

在杜拉克幾乎橫跨整個二十世紀的九十五年人生中，思考、探討、撰寫有關人、組織和管理的課題，啟發一代又一代的組織管理者。這位當代頂尖的管理思想泰斗，有「現代管理學之父」、「大師中的大師」之譽。

無論在管理、組織、策略、領導發展、激勵員工等方面，杜拉克皆洞察犀利，不斷提出擲地有聲的觀點；而他對未來潮流及趨勢發展的預見更是精準，宛如為世人劃下「明日的地標」。他曾提出「分權」「知識工作者」「目標管理」「利潤中心」以及「不連續」等觀念，如今已在真實世界中得到印證，並成為主宰世界的潮流。

杜拉克終身撰述不輟，在他長達六十餘年的寫作生涯，出版近四十本著作，被翻譯成數十種語言發行全世界，是當代影響力最深遠的管理學權威。2005 年 11 月 11 日，杜拉克於洛杉磯以東的克萊蒙特家中安詳辭世，享年 95 歲。

麥可・波特

競爭策略理論大師

Michael E. Porter

　　26 歲任教於哈佛商學院，為該學院有史以來最年輕的教授。波特專精於競爭策略，曾於美國雷根總統任內被延攬為白宮「產業競爭力委員會」委員，也是世界各國政府與企業爭相諮詢的知名顧問。

　　曾就讀於普林斯頓大學航空工程系，後來獲哈佛商學院的企業管理碩士學位並榮獲貝克學者獎，進而取得哈佛大學的商業經濟學博士學位。曾獲全國商業經濟學人協會的亞當斯密獎（Adam Smith Award）、各項全國性榮譽勳章以及管理學院的學術性管理貢獻最高榮譽。

　　著作包括《國家競爭優勢》《競爭策略》《競爭優勢》《競爭論》《當政治成為一種產業》（凱瑟琳・蓋爾合著）等。

組織學習大師

彼得·聖吉
Peter M. Senge

● 1995/7/31　第五項修練

　　享譽全球的新一代管理大師，多年來致力於推動「學習型組織」的觀念，為麻省理工學院組織學習中心主持人、波士頓創新顧問公司創辦人之一及《第五項修練》作者。

　　現為麻省理工學院資深講師，也是該學院「組織學習與變革」團隊成員，以及「組織學習協會」（Society for Organizational Learning, SoL）主席。SoL 是由組織、研究人員、顧問等組成的全球性社團，致力於建立基礎的組織變革知識。

　　彼得·聖吉於 1947 年出生在芝加哥，1970 年於史丹佛大學完成航太及太空工程學士學位後，進入麻省理工史隆管理學院讀研究所，旋即被佛睿思特（Jay Forrester）教授的系統動力學整體動態搭配的管理新概念所吸引。

　　1978 年獲得博士學位後，他和麻省理工學院的一群工作夥伴及企業界人士，孜孜不倦地致力於將系統動力學與組織學習、創造原理、認知科學、群體深度匯談與模擬演練遊戲融合，發展出一種人類夢寐以求的組織藍圖——在其中，人們得以由工作中活出生命的意義、實現共同願望的「學習型組織」。

　　彼得·聖吉在全球各地演講、授課，把抽象的系統理論觀念，轉化成能促進了解經濟與組織變革的工具。他致力於闡明人類價值在工作環境中所占的重要地位；亦即組織若想發揮潛能，則願景、目的、反思或系統思考，都將是不可或缺的必要條件。

2003 年彼得·聖吉（左）訪台，與高希均教授進行現場對談

▶ 當代管理思想大師

查爾斯‧韓第
Charles Handy

● 1995/5/30　覺醒的年代

　　1932 年出生於愛爾蘭牧師家庭，曾在牛津大學歐瑞爾學院攻讀古希臘羅馬文史。他人生的第一份工作，是在殼牌石油公司擔任經理人，而後又到美國麻省理工的史隆管理學院進修。回到英國之後，韓第與英國的商界菁英創辦英國第一所管理學院：倫敦商學院，並擔任該校教授，而後又擔任英國皇家工藝協會（RSA）的主席，被譽為英國的管理思想大師。

　　韓第之所以被稱為大師，是因為他在「組織與個人的關係」和「未來工作形態」上提出的觀念，如「組合式生活」「酢漿草組織」「S 曲線」「跳蚤工作者」等，都帶給商業界莫大的影響。從 49 歲那年起，韓第身體力行他的理論，離開組織，成為不折不扣的「跳蚤」和「組合工作者」，身兼自由作家、廣播節目主持人、教授、演說家、企管顧問等多職。

　　重要著作品包括：《覺醒的年代》（*The Empty Raincoat*）、《變動的年代》（*Beyond Certainty*）、《組織寓言》（*Inside Organizations*）、《適當的自私》（*The Hungry Spirit*）、《大象與跳蚤》（*The Elephant and the Flea*）、《阿波羅與酒神》（*Gods of Management*）、《大師論大師》（*The Handy Guide to the Gurus of Management*），以及他的個人自傳《你拿什麼定義自己？》（*Myself and Other More Important Matters*）、《第二曲線》（*The Second Curve*）、《你是誰，比你做什麼更重要》（*21 Letters On Life And It's Challenges*）（皆為天下文化出版）。

蓋瑞・哈默爾
全球頂尖企業策略專家
Gary Hamel

● 2000/12/25　啟動革命

　　自 1983 年便任職於倫敦商學院，現為該校策略與國際管理客座教授，同時也是「管理創新實驗室」（Management Innovation Lab）的共同創辦人，這是一個由頂尖商業思想家和先進企業共同組成的聯盟，致力於打造管理的未來。

　　哈默爾是全球最有威望的管理學先驅之一。《經濟學人》封他為「世界第一流的策略大師」；《財星》把他譽為「全球頂尖的企業策略專家」。《金融時報》則稱哈默爾為「無人能出其右的管理創新者」。彼得・聖吉則讚譽他是「西方世界在策略領域最具影響力的思想家」。

　　哈默爾發明出「策略意圖」（strategic intent）、「核心競爭力」（core competence）、「產業革命」（industry revolution）等知名觀念，改變了全球的管理語言和實務。哈默爾之前的著作《啟動革命》（天下文化出版）和《競爭大未來》曾登上各個管理書籍排行榜，並翻譯成二十多種語言。過去二十年間，哈默爾在《哈佛商業評論》上發表了十五篇文章，其中有五篇榮獲素負盛名的麥肯錫卓越獎（McKinsey Prize for excellence）。

　　他也經常在《華爾街日報》《財星》《金融時報》和全球其他許多財經報章雜誌發表文章。哈默爾本人也應用專長創辦了策士（Strategos）公司，該公司主要業務是幫助客戶發展革命性的策略，目前他擔任該公司的董事長。此外，哈默爾也是世界經濟論壇（WEF）的成員。

戴文波特 Thomas H. Davenport

知識工作領域的思想先驅

⬤ 2002/2/5　思考型工作者

　　戴文波特是貝伯森學院資訊科技暨管理學教授，曾獲頒該校的傑出教授校長獎頭銜；他是國際數據分析研究所的共同創辦人暨研究主任，以及德勤資料分析的資深顧問。著作包括《思考型工作者》和與人合寫的《魔鬼都在數據裡》《工作中的資料分析》《注意力經濟》等書。2006 年他的一篇文章〈決勝分析力〉（Competing on Analytics）獲提名為《哈佛商業評論》九十年的歷史中十大「必讀」文章之一。曾獲《顧問》雜誌提名為全球二十五大顧問，是齊夫戴維斯（Ziff Davis）出版社的「資訊科技百大最有影響力人物」之一，也是《財星》雜誌全球五十大商學院教授之一。

高德拉特 Eliyahu M. Goldratt

TOC 制約法企管大師

⬤ 1996/9/15　目標：簡單有效的常識管理

　　以色列物理學家、哲學家、企管大師、TOC 制約法（Theory Of Constraints）發明人。TOC 制約法是一個持續改進的流程，不斷識別與利用系統的制約因素以實現企業的目標。高德拉特是眾多跨國公司與政府機構的顧問，建立團隊在全球推動 TOC 制約法。《目標》是他最出名的著作，此外還著有《絕不是靠運氣》《關鍵鏈》《仍然不足夠》等暢銷書。他也開發了 TOC 制約法的各種應用工具，涵蓋生產、項目管理、供應鏈管理、企業戰略戰術、TOC 思維方法等，將 TOC 的知識體系發揚光大。

▶ 尼葛洛龐帝 Nicholas Negroponte
麻省理工學院媒體實驗室創辦人

● 1997/10/20　數位革命

　　美國麻省理工學院教授兼媒體實驗室（Media Lab）創辦人和主持人，同時也是《連線》雜誌的資深專欄作家。由於尼葛洛龐帝多年來在電腦及傳播科技發展上的創見與貢獻，他每年都應邀到全球各地演講，為各國政要及企業提出建言。

　　1980年，他應邀主持「國際資訊處理協會聯盟」的「日常生活中的電腦」研究計畫。兩年後，他又應法國政府之邀，成為「世界個人電腦處理及人類發展中心」首任主持人，探討如何運用電腦科技，來提升未開發國家中的小學教育。

▶ 墨基爾 Burton G. Malkiel
知名經濟學家、投資大師

 1996/7/15　漫步華爾街

　　普林斯頓大學經濟學系化學銀行講座退休教授（Chemical Bank Chairman's Professor of Economics Emeritus），曾任美國總統經濟諮詢委員會（Council of Economic Advisers）委員、耶魯大學管理學院（Yale School of Management）院長，並擔任過幾家大公司的董事，如先鋒集團（Vanguard）、保德信金融集團（Prudential Financial）等。擁有華爾街專業投資人、經濟學者與個人投資者的三重身分，擅長整合個人豐富的經驗，加入產學界全新看法。著作《漫步華爾街》自1973年出版至今，暢銷近五十年，《華爾街日報》讚譽此書為「提供常識建議，幫助投資人選擇標的實用書籍」，是一本經典的個人理財指南。

楊振寧

率先獲得諾貝爾獎的中國人

● 2002/11/15 規範與對稱之美：楊振寧傳
（江才健著）

　　生於安徽合肥，畢業於昆明的西南聯合大學，赴美取得芝加哥大學物理博士學位。1957 年，與李政道因為共同提出「宇稱不守恆」理論的貢獻，成為率先獲得諾貝爾獎的中國人。1982 年，美國氫彈之父泰勒在楊振寧六十大壽的祝賀文中提到，楊振寧因為創建「楊－密爾斯規範場理論」，應該再次得到諾貝爾獎。

　　1999 年，著名的物理學家戴森推崇楊振寧是繼愛因斯坦、狄拉克之後，為二十世紀物理科學樹立風格的一代大師。其重要傳記《規範與對稱之美：楊振寧傳》由資深科學文化工作者江才健窮四年之功，跨洋親訪而成，曾獲第二十七屆科學類金鼎獎。

1992 年楊振寧與江才健（右）合照於山西太原。（江才健提供）

黃達夫

文采飛揚的和信治癌中心醫院院長

● 1999/7/8　用心聆聽

　　台灣大學醫學院醫科畢業，美國賓夕法尼亞大學及杜克大學內科、血液學及腫瘤學訓練。曾任美國杜克大學癌症中心臨床主任、美國癌症學會癌症預防、診斷及治療委員會評議委員及主席、中華民國癌症醫學會理事長。

　　現任和信治癌中心醫院院長、黃達夫醫學教育促進基金會董事長、美國杜克大學醫學中心內科教授、台灣醫學院評鑑委員會主任委員。歷年來發表有關癌症、血液學、免疫學及分子生物學等各方面之論文及研究報告等共計百餘篇。著有《用心聆聽》《用心，在對的地方》《永遠站在病人這一邊》等書。

2002 年高希均教授與和信治癌中心醫院院長黃達夫（中）、藝術大師朱銘（右），在天下文化二十週年慶典上合影。

孫維新

台灣科學教育重要推手

2002/8/10　孫維新談天

1957 年生於台北，1979 年台大物理系畢業，1982 年赴美國加州大學洛杉磯分校（UCLA）就讀天文研究所，1987 年獲天文學博士，旋即至美國航空暨太空總署高達太空飛行中心任博士後研究員。1989 年返台任教於國立中央大學物理系，曾任中央大學天文研究所所長、國立自然科學博物館館長。現任教於國立台灣大學物理學系暨天文物理研究所。以作育英才為使命，曾經榮獲中央大學理學院優良教師獎、國科會研究甲種獎與國科會指導大專生研究獎。曾製作「航向宇宙深處」系列節目，獲得 1994 年金帶獎、1995 年李國鼎科技節目獎、2000 年金鐘獎「教科文節目主持人獎」等。曾擔任漢聲廣播電台「生活掃描」節目中「讓我們看星去」單元的主講人，為大眾介紹天文知識與新發現。

江才健

推動科普的優秀文化工作者

2002/11/5　規範與對稱之美：楊振寧傳

曾為《中國時報》科學主筆、《知識通訊評論》發行人兼總編輯。台灣大學新聞研究所兼任副教授，在台大、中央、陽明、輔仁等校授「科學在文化中定位與挑戰」課程，著有《一生必修的科學思辨課》《大師訪談錄》《吳健雄——物理科學的第一夫人》（獲年度十大好書）、《楊振寧傳——規範與對稱之美》（獲金鼎獎）、《科學夢醒》（獲金鼎獎），2011年獲得第三屆「星雲真善美新聞獎：傳播貢獻獎」，近年特別關注科學在不同文化中的定位與意義問題。

羅時成、楊玉齡
首獲吳大猷科學獎的科普作家

● 1996/2/15　台灣蛇毒傳奇

羅時成

　　生於苗栗，成長於台北。台灣師範大學生物系學士，美國威斯康辛州大學蘇必略分校碩士、韋恩州立大學生物學博士，專長細胞生物學、分子生物學及病毒學。曾任陽明醫學院教授、陽明醫學院微生物及免疫學研究所所長及微生物科主任、陽明大學研究發展室主任、陽明大學學生事務處學務長、長庚大學生物醫學系教授、系主任等，並擔任國家衛生研究院院外處諮詢委員會委員、《科學月刊》社理事長，曾獲教育部特優教師獎及國科會傑出研究獎，主持公共電視「為什麼」大眾科學節目，致力於從事生物研究及科學教育。與楊玉齡合著有《台灣蛇毒傳奇》《肝炎聖戰》（榮獲第一屆吳大猷科普創作首獎金籤獎）。

楊玉齡

　　輔仁大學生物系畢業。曾任《牛頓》雜誌副總編輯、《天下》雜誌資深文稿編輯。專事科學書籍翻譯與寫作。著有《一代醫人杜聰明》，與羅時成合著有《肝炎聖戰》《台灣蛇毒傳奇》。譯作《生物圈的未來》獲第二屆吳大猷科普譯作首獎金籤獎、《消失的湯匙》獲第六屆吳大猷科普譯作銀籤獎、《大自然的獵人》獲第一屆吳大猷科普譯作佳作獎、《小提琴家的大姆指》獲第七屆吳大猷科普譯作佳作獎、《雁鵝與勞倫茲》獲中國大陸第四屆全國優秀科普作品獎三等獎，以及《基因聖戰》《大腦開竅手冊》《幻覺》等數十冊。

2002 年，天下文化的《肝炎聖戰》獲得第一屆「吳大猷科學普及著作獎」金籤獎，作者楊玉齡從時任中研院院長李遠哲手中接下獎座。

杜聰明 (歿)

台灣史上首位博士與醫界教父

● 2002/12/3　一代醫人杜聰明
　　（楊玉齡著）

　　1893 年出生於淡水三芝。自幼聰穎過人，1915 年負笈日本，就讀於京都帝國大學醫學部，研究藥理學、內科學。他是台灣史上首位博士，亦是首位醫學博士（M.D.Ph.D.），為台灣蛇毒研究的啟蒙大師，以及台灣第一位反毒專家，首創毒癮尿液篩檢。

　　1954 年與陳啟川、孫媽諒創辦高雄醫學院，並出任第一任院長。專精於鴉片、嗎啡及蛇毒等研究，首創之「禁藥尿液檢驗法」其原理至今仍為國際沿用。曾推動高醫招收「山地醫生專科班」，使山地不再有「無醫村」。他畢生以「樂學至上，研究第一」為座右銘，成就橫跨醫學研究、醫學教育以及醫療政策等領域，對台灣醫學教育貢獻卓著。1986 年病逝於台大醫院。

羅慧夫 (歿)
Samuel Noordhooff

為台灣奉獻一生

● 2000/9/30　愛，補人間殘缺：
　　　　　　羅慧夫台灣行醫四十年（梁
　　　　　　玉芳著）

　　美國醫生、宣教士，1927 年出生於美國愛荷華州橙鎮，1959 年應馬偕醫院邀請來台。曾擔任馬偕醫院院長，長庚醫院院長等職。

　　主導成立台灣第一個加護病房、灼傷中心、唇顎裂暨顱顏中心、生命線等機構。1989年 12 月捐款三百萬成立羅慧夫顱顏基金會，以幫助顱顏患者。1999 年獲得中華民國「紫色大綬景星勳章」，2017 年獲「總統文化獎：人道奉獻獎」。相關傳記有《愛，補人間殘缺：羅慧夫台灣行醫四十年》。

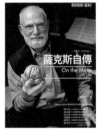

奧立佛・薩克斯 (歿) Oliver Sacks

最會說故事的腦神經學家

● 1996/8/26　火星上的人類學家

1933 年生於倫敦，出身科學家與醫師世家。在牛津大學接受醫學教育，後於加州大學洛衫磯分校以及舊金山錫安山醫院接受醫師養成訓練。1965 年起，擔任紐約大學醫學院神經科學教授，以及安貧姐妹會的神經科學諮商顧問。

文章經常刊載於《紐約書評》和《紐約客》以及各種醫學期刊。他也是十五本書的作者，包括《薩克斯自傳》《火星上的人類學家》《錯把太太當帽子的人》《腦袋裝了二千齣歌劇的人》，以及曾改編成奧斯卡獎提名的同名影片《睡人》。2015 年病逝，享年 82 歲。

道金斯 Richard Dawkins

演化生物學的經典人物

● 1995/12/30　自私的基因

演化生物學家、英國皇家學會會士，為世界知名的科學作家，每一本書都暢銷，且經常在各大媒體討論、評論科學的各個面向。道金斯的暢銷著作中，《自私的基因》為最重要的代表作，《延伸的表現型》（*The Extended Phenotype, 1982*）次之。此外，《盲眼鐘錶匠》（*The Blind Watchmaker, 1986*）與續篇《攀登不可能的山》（*Climbing Mount Improbable, 1996*）都是演化生物學的入門書。

⬤ 1994/6/15　雁鵝與勞倫茲

勞倫茲是動物行為學的開山祖師，1973年諾貝爾生理醫學獎得主。他於1903年在奧地利維也納出生，並就讀當地的大學，主攻醫學和生物；1933年修得博士學位。很快，勞倫茲在雁鵝及穴鳥方面的研究揚名國際；1937年，維也納大學聘請他教授比較生理學及動物心理學。

1942至1944年間，勞倫茲在德國軍隊中當軍醫，隨軍遠征蘇聯時被俘。1948年遭釋放後，在奧地利艾頓堡（Altenberg）成立「比較行為研究所」。1951年出任馬克斯蒲郎克行為研究所所長；直到1973年才卸任。

他退休以後，馬克斯蒲郎克學會在奧地利北部的阿姆塔區（Almtal）為他設了一個工作站，好讓他能繼續為奧地利科學院的比較行為研究所做研究工作。1989年，勞倫茲在艾頓堡與世長辭。

除了學術成就之外，勞倫茲最為人稱道的，是他向一般大眾描述動物行為的生花妙筆。《所羅門王的指環》是他的第一本通俗科學作品，流傳最久也最為膾炙人口。《雁鵝與勞倫茲》則是他去世前寫成的最後一本書，是勞倫茲一生研究工作的縮影。

▶ **勞倫茲**（歿）

Konrad Lorenz

動物行為學之父、諾貝爾生理醫學獎得主

威爾森 (歿) Edward O. Wilson
頂尖美國生物理論學家

1997/5/23　大自然的獵人

1929 年出生於美國阿拉巴馬州。1955 年獲哈佛大學生物學博士學位，同年開始在哈佛大學執教，曾擔任哈佛大學佩萊格里諾講座研究教授、哈佛大學比較動物學博物館的昆蟲館名譽館長。威爾森是美國生物理論學的翹楚，1969 年獲選為美國國家科學院院士。他還榮獲過全世界最高的環境生物學獎項，包括美國的國家科學獎、瑞典皇家科學院為諾貝爾獎未能涵蓋的科學領域所頒發的克拉福德獎（Craford Prize）。1996 年，威爾森獲《時代》雜誌評定為二十五位影響美國當代最巨的美國人物之一。 威爾森非常擅長著述，《論人性》及《螞蟻》曾獲得普立茲獎，另著有《大自然的獵人》《繽紛的生命》《生物圈的未來》等。

休伊特 Paul G. Hewitt
善於激發學生的物理教師、暢銷科普作家

2001/6/30　觀念物理 I ～ V

高中時夢想當個拳擊手，27 歲才重拾學業，1964 年取得猶他州立大學科學教育與物理雙主修碩士學位後，到舊金山城市學院開始教學生涯，直到 1999 年退休。

由於他在物理教學專業上的投入，發展出許多有趣而令人激賞的教學示範，讓很多原本不可能喜愛物理的學生，對物理產生興趣。1982 年獲得美國物理教師學會頒發的密立根講座獎。

休伊特認為：老師有能力去激發學生，讓他們發揮出最大的潛能。他相信：學物理應該是很有趣的，雖然也許要相當用功，但一定是有趣的事。《觀念物理》這套書正是他這個信仰底下的產物之一。

星雲大師

倡導繼往開來的「人間佛教」

⚫ 1994/7/15　傳燈：星雲大師傳（符芝瑛著）

　　江蘇江都人，1927 年生，12 歲時在南京棲霞山出家，禮志開上人披剃，並且在棲霞律學院、焦山佛學院等處參研佛法，為臨濟宗第四十八代傳人。

　　1949 年春來台，曾主編《人生雜誌》《覺世旬刊》《今日佛教》等佛教刊物，並於 1967 年開創佛光山，秉持人間佛教理念，致力於社會、教育、文化、慈善事業，在世界各地創設百餘所寺院道場，佛教學院六所，以及智光中學、普門中學、南華大學、佛光大學以及西來大學。

　　1985 年辭退佛光山宗長後，四處雲遊弘法。1995 年榮獲全印度佛教大會頒贈象徵佛教界的諾貝爾獎—佛寶獎。1997 年在義大利梵諦岡與天主教教宗若望保祿二世進行世紀宗教對話。1997 年起陸續創辦《人間衛視》（前身為佛光衛視）和《人間福報》，並創設「星雲真善美新聞獎及文學獎」等。

　　曾任國際佛光會中華總會總會長，並為世界佛教徒友誼會永久榮譽會長，於佛教現代化和國際化的發展以及推動人間佛教上，厥功甚偉！著作百餘種，並翻譯成多國文字。

釋證嚴
廣布大愛的慈濟創辦人

● 1996/4/26　大愛：證嚴法師與慈濟世界（邱秀芷著）

　　1937 年，出生於台灣省台中縣清水鎮。1963 年，依印順導師為親教師出家，師訓「為佛教，為眾生」，奉持不懈。1966 年，創辦佛教克難慈濟功德會。

　　1991 年，獲菲律賓麥格塞塞獎；2001 年，獲頒香港大學社會科學榮譽博士學位；2002 年，獲頒交通大學社會與文化學名譽博士學位。

　　2003 年，獲頒中華民國二等景星勳章。2004 年，獲頒加州美國亞裔聯盟亞美人道關懷獎。2007 年，獲頒日本「庭野和平獎」。慈濟志業在法師慈悲宏願下，逐步推向國際，廣布善與大愛，為眾生拔苦予樂，行於真實的人間菩薩道。

馬英九

兩岸交流的和平貢獻者

● 2002/10/25　誰識馬英九（馬西屏著）

　　1950 年生，台大法律系畢業，美國紐約大學法學碩士，哈佛大學法學博士。1981 年返台，任總統府第一局副局長。自此歷任總統府祕書、行政院研考會主委、行政院陸委會副主委、國大代表、法務部長、兩任期台北市長等，多年重要公職經歷外，並曾任教於政大法律系。2005 年當選中國國民黨主席，推動黨務革新。2008 當選中華民國第十二任總統，2012 年連任。2014 年獲艾森豪和平獎章，2015 年 11 月在新加坡與習近平進行「馬習會」，為兩岸隔海分治六十六年以來最高領袖首次會晤。相關著作有《原鄉精神》以及《八年執政回憶錄》（蕭旭岑執筆）、《沉默的魄力》（羅智強、洪文賓整理）等。

2013 年總統馬英九（左三）在台北圓山飯店出席遠見‧天下文化事業群舉辦的「理性思考與公共決策論壇」，與 2002 年諾貝爾經濟學獎得主康納曼（左一）、高希均教授（右四）、台達電創辦人鄭崇華（右三）、洪蘭教授（右二）、天下文化發行人王力行等人交換意見。

▶▶ **連戰**
中華民國首位民選副總統

● 1996/2/15 我心永平（林黛嫚著）

1936 年出生，字永平，祖父為知名歷史學家連橫。台大政治系畢業、美國芝加哥大學政治學博士。曾任美國威斯康辛大學及台大政治系教授、駐薩爾瓦多大使、青輔會主委、交通部長、行政院副院長、外交部長、台灣省主席、行政院長、副總統。相關著作有《連戰的主張》《改變，才有希望》，以及《我心永平》（林黛嫚著）、《遇見百分百連戰的連戰》（陳鳳馨著）、《藍天再現：連戰與國民黨重新出發》（李建榮著）等。

▶▶ **蕭萬長**
嫻熟經濟與兩岸問題的「微笑老蕭」

● 2000/1/20 閱讀蕭萬長（楊孟瑜著）

1939 年生於台灣嘉義農家。政治大學外交研究所畢業後，即投入長達三十餘年的公職生涯，亦曾擔任民選立法委員。長年參與國際經貿業務，曾獲艾森豪獎金考察美國經濟，參與對美貿易談判的豐富經驗，培塑其前瞻的國際視野與務實的經濟策略。在經濟部長任內積極推動台灣加入世界貿易組織（WTO），也曾提出亞太營運中心策略，以因應亞太經濟新布局。在行政院院長任內遭逢 1997 年東南亞金融風暴，以其沉著應變的能力，穩固台灣金融，多次獲美、泰、韓與我國大學頒予經濟與管理相關榮譽博士學位。2000 年卸任公職後，以過去參與亞太經合會（APEC）領袖會議及陸委會主委任內對兩岸關係的深入瞭解，認為兩岸經貿關係是兩岸互動的關鍵因素，遂積極倡導「兩岸共同市場」理念，以謀求兩岸和平發展為職志。

▶ 施明德
台灣曼德拉

● 2002/9/30　無私的奉獻者 / 狂熱的革命者

　　1941 年出生於高雄。一生兩度以「叛亂罪名」判處無期徒刑，先後囚禁二十五年半。出獄後，以《美麗島雜誌社》運作「沒有黨名的黨」，引起當局恐慌。1979 年 12 月因「美麗島事件」再度入獄。自 1986 年底開始，一再拒絕當局減刑與特赦，直到 1990 年 5 月 21 日，政府宣布「美麗島事件」判決無效，始步出牢房。在長期囚禁後，他向社會表達「忍耐是不夠的，還必須寬恕」「承受苦難易，抗拒誘惑難」；並在長期緊張的意識形態對立中，開闢出理性協商的政治空間，改寫台灣政治生態。2006 年擔任「反貪腐運動」紅衫軍總指揮；2022 年中華人權協會頒授「人權終身成就獎」。

▶ 許信良
黨外運動的時代人物

● 1999/9/10　許信良的政治世界（夏珍著）

　　1941 年生，桃園縣中壢市客家人。曾任桃園縣縣長，第四與第六任民進黨黨主席、總統府資政等，是黨外運動重要領導人與代表人物之一，2000 年脫黨參選總統落敗，2008 年重回民進黨，2009 年創辦《美麗島電子報》，關注兩岸和平對話議題，現為亞太和平研究基金會董事長。

呂秀蓮
民主與婦女運動的重要倡議者

● 2001/05/10　台灣良心話：呂副總統的第一年

　　1944 年出生於桃園望族，北一女及台灣大學法律系畢業，先後獲得美國伊利諾大學及哈佛大學法學碩士。

　　正要攻讀博士學位時，因獲悉美國將與台灣斷交，毅然放棄獎學金，回台參選國代。三十年前首開風氣之先，倡導新女性主義，黨外時代，她擔任《美麗島雜誌》副社長，高雄事件當晚因發表二十分鐘演講，以「暴力叛亂」的罪名被判處十二年有期徒刑。出獄後，她參與國際會議，主辦世界婦女高峰會議，又發起台灣加入聯合國運動，與中共當局進行外交角力。1992 年當選第二屆立法委員，1997 年當選桃園縣長，2000 年當選中華民國第十任副總統。她是中華民國史上首位女性副總統，也是解嚴後唯一連任的副總統。

王建煊
亞洲最佳財政部長、積極推動公益

● 1995/10/30　讓好人出頭

　　從事公職大半生，出身眷村子弟，不應酬、不打高爾夫，粗茶淡飯，人稱「便當部長」。從中央銀行小焚鈔員到經濟部次長、財政部長、立法委員、監察院院長，在每個位置上，始終旗幟鮮明。一絲不苟的方正性格，媒體推崇他是大刀部長小鋼砲，是打擊特權的正義化身。好洗的小平頭從未變過。嫉惡如仇、黑白分明，甚至被新黨同僚稱為「王聖人」。1992 年獲選為亞洲最佳財政部長。平時熱心公益，創辦了三個公益慈善基金會，一個在台灣；一個在大陸；一個在美國。近日於台灣又創辦了「無子西瓜基金會」，專門為沒有子嗣的老人服務。

游錫堃

憨直強韌的民進黨創黨元老

🌓 1998/11/20　蘭陽之子游錫堃（林志恆著）

　　1948 年生於台灣宜蘭，為民進黨創黨小組成員之一。

　　幼年時期因家境貧寒，父親又於颱風災害中過世，曾被迫輟學返家務農數年。完成學業及兵役後，曾短暫從事金融業，後投身政治並於 1981 年當選為無黨派的台灣省議員。1986 年 9 月，以「黨外選舉後援會」召集人身分參與民進黨之建黨集會，當選為第一屆中常委。曾經擔任宜蘭縣縣長、台北藝術大學教授、民進黨秘書長、行政院副院長、總統府秘書長、行政院院長、民進黨黨主席，現任立法院院長。其謙和有禮、尊重專業的行政風格，以及來自鄉土、勇於實踐夢想的毅力為人所稱道。

陳錫蕃

精研語文的外交官

🌓 1998/5/30　咬文嚼字話翻譯

　　1934 年生於南京。菲律賓聖托馬斯大學文學士、政治學碩士、博士班研究，巴西里約熱內盧天主教大學研究。曾任國際組織司司長、常務次長、總統府特任副祕書長。駐外經歷包括：駐巴西大使館二等祕書、一等祕書，駐阿根廷大使館參事，駐玻利維亞大使館參事，駐亞特蘭達總領事，駐芝加哥、洛杉磯辦事處處長，駐美代表處副代表、駐美代表等。精通英、西、葡文，除國語外，並能說廣州、閩南、重慶、山東、長沙、南京等六地方言。現任國家政策研究基金會政策委員兼國安組召集人、淡江大學美國研究所講座教授、政大 EMBA 專班兼任教授、師大翻譯研究所兼任教授。著有《咬文嚼字話翻譯》《精準之美：外交官談翻譯》等。

傅佩榮
以深厚學養搭起東西方思想的橋梁

● 2001/2/25　活出自己的智慧

　　1950 年生，上海市人。美國耶魯大學哲學博士，曾任比利時魯汶大學客座教授，荷蘭萊頓大學講座教授，台灣大學哲學系所教授以及主任兼研究所所長等。曾獲頒教育部教學特優獎、大學生社團推薦最優通識課程、《民生報》評選校園熱門教授等獎項。曾獲國家文藝獎與中正文化獎，範圍涵蓋哲學研究與入門、人生哲理、心理勵志等。著有《西方哲學之旅》（一套三冊），以及《哲學與人生》《品味人生 12 講》《轉進人生頂峰》《活出自己的智慧》等數十本書，並重新解讀中國經典，著有《究竟真實：傅佩榮談老子》《人性向善：傅佩榮談孟子》《人能弘道：傅佩榮談論語》和《傅佩榮易經課》等書。

郭為藩
教育革新的先驅

● 1995/1/15　教育改革的省思

畢業於國立台灣師範大學社會教育學系暨教育研究所，並獲得法國巴黎大學特殊教育博士學位，返國後在國立台灣師範大學任教，數年後又赴英國倫敦大學教育研究院進修研究。

1993 年擔任教育部部長，陸續將長期研究思考的理念落實，充分表現對教育現況的全盤了解及對教育改革的整體構想。

張淑芬
台積電慈善基金會董事長

● 2002/7/15　真心

台積電董事長張忠謀夫人。從事公益活動多年，關懷婦女、兒童、社會弱勢，兼及教育、環保、文化美學。

目前擔任偉儀社會福利慈善基金會董事長、台積電志工社社長、台積電文教基金會董事、敦安基金會董事、現代婦女基金會董事。相關書籍有《真心》《畫架上的進行式》，以及《引路》（林靜宜採訪撰文）等。

王端正
慈濟人文志業中心執行長

● 1995/8/10 惜緣

生於台中縣清水鎮，畢業於國立政治大學新聞研究所，曾任記者、採訪主任、總編輯。1983 年，榮膺全國十大傑出青年。皈依上證下嚴法師，法號思熙。現任佛教慈濟慈善事業基金會副總執行長暨慈濟人文志業中心執行長，並為《經典》雜誌發行人。著有《月映千江》《惜緣》《微觀人生》《生命的承諾》等書。曾獲 1982 年金鼎獎新聞編輯獎，2000 年金鼎獎雜誌編輯獎。

熊秉元
經濟學者與散文家

● 1993/9/30 尋找心中那把尺

台大經濟系畢業，美國布朗大學經濟學博士，台大經濟系暨研究所教授。曾任香港城市大學商學院經濟及金融系高級研究員，及司法官訓練所講座，講授《法律經濟學》課程。熊秉元上課採蘇格拉底問答式教學，啟發思維，深受好評；並受邀到新加坡國立大學、香港城市大學、西安交通大學等，擔任 EMBA 課程講座。熊秉元是經濟學者也是散文家。曾出版多本經濟散文如《尋找心中那把尺》《燈塔的故事》《大家都站著》《罪與罰之外》等。

劉秀枝
阿茲海默症權威、關注長者議題

● 2001/2/15　當父母變老

　　台北醫學院醫學系畢業。國立陽明大學兼任教授，曾任台北榮民總醫院一般神經內科科主任、美國舊金山加州大學醫學院研究員；美國波士頓新英格蘭醫院研究員、住院醫師。研究阿茲海默症（老年失智症）之國內權威。著有《當父母變老》《多動腦，不會老》等書，長期關注長者失智的問題。

吳經國
國際奧會委員

● 2001/4/25　奧運場外的競技

　　1946 年生於重慶，畢業於東海大學建築系，1977 年獲得英國利物浦大學建築研究所博士。自 1980 年起代表我國奧會等參加國際體育組織，並於 1988 年擔任國際奧會（IOC）委員，在國際奧會以中生代清新形象，極受薩瑪蘭奇主席器重。在兩岸交流方面，他不但是第一位前往大陸訪問的國內體育高層人士，更為與大陸展開談判的先鋒，建立兩岸體育交流的新模式。為維護國內運動員參與國際活動的空間及我國在國際體壇地位奉獻心力，對推動奧林匹克運動功不可沒。

▶▶ **郭正亮**
率直犀利的政治學者

● 1998/5/20　民進黨轉型之痛

1961年生，高雄人。台大心理系畢業，台大社會學碩士，美國耶魯大學政治學博士。從大學時代開始，即長期參與台灣民主運動，曾擔任學運刊物《南方》雜誌總編輯，筆名江迅，心儀魯迅率直犀利的人文關懷，以自由、啟蒙、成熟、責任為終極價值。 歷任《中國時報》專任主筆、民進黨文宣部主任、民進黨政策會執行長，曾當選第五、六屆立法委員，現為中國文化大學副教授和媒體評論人。

▶▶ **夏珍**
記錄時代的新聞健筆

● 2000/5/15　日落國民黨

1962年生於台北市。國立政治大學歷史系學士、國立政治大學新聞研究碩士。曾任《中國時報》省政特派員、政治組副主任、採訪組副主任、政治組主任、副總編輯，現任風傳媒總主筆。著作包括:《許信良的政治世界》《日落國民黨》《中立:國家調查員王光宇解密》《鐵盒裡的青春:台籍慰安婦的故事》（以上為天下文化出版），以及《政海沈沈楚天闊:宋楚瑜政壇二十三年紀實》《造反的年代》《文茜半生緣》《自由自在宋楚瑜》《雕琢人生:林靜芸》等書。

郝柏村（攺）

五十年來文武最高首長第一人

● 1994/1/30　無愧：郝柏村的政治之旅（王力行著）

1919 年生，江蘇鹽城人。中央陸軍軍官學校十二期砲科、陸軍大學二十期、三軍聯合參謀大學、美國陸軍砲校高級班、美國陸軍參謀大學畢業。

陸軍一級上將。曾任中華民國總統府侍衛長、陸軍總司令、參謀總長、國防部長、行政院長、中國國民黨副主席等。

相關著作有《無愧：郝柏村的政治之旅》（王力行 著）和《郝總長日記中的經國先生晚年》《八年參謀總長日記（上下兩冊）》《郝柏村解讀蔣公日記：一九四五～一九四九》《郝柏村解讀蔣公八年抗戰日記：一九三七～一九四五（上）（下）》《郝柏村重返抗日戰場（增訂版）》《郝柏村回憶錄》（以上均為遠見天下文化出版）。

許水德（歿）

自創「水車哲學」的政治家

◑ 2002/7/25 轉動生命的水車（胡忠信著）

1931 年生於高雄市，原籍澎湖縣。畢業於台灣師範大學。歷任台灣省政府社會處長、高雄市長、台北市長、中華民國內政部長、中國國民黨祕書長、考試院長等要職。

胡忠信

台灣台南縣人，1953 年生。國立台灣大學歷史系畢業，美國加州大學戴維斯分校博士班深造，專攻西洋政治史。曾任專欄作家、報社總編輯、電視公司總經理等。著有《轉動生命的水車：許水德、胡忠信對談錄》與《將軍之舵：顧崇廉‧胡忠信對談錄》。

李煥（歿）

蔣經國的重要佐臣

◑ 1998/1/9 追隨半世紀：李煥與經國先生（林蔭庭 著）

1917 年出生，字錫俊，漢口市人，畢業於上海復旦大學法律系，美國哥倫比亞大學教育碩士。籌辦國立中山大學在台復校，曾任中山大學校長、教育部長、行政院院長、總統府資政。

1944 年，李煥在重慶中央幹部學校初遇教育長蔣經國，此後從年少風發到鬢角飛霜，他的每一項任務和職務都是出於蔣經國的安排與意旨；另一方面，在蔣經國邁向權力巔峰的漫長過程中，李煥也自始至終扮演著關鍵性的佐臣角色。他也是協助執行蔣經國最後三個心願——解除戒嚴、開放黨禁報禁、開放大陸探親——的重要人物。2010 年辭世，享年 93 歲。

蔣緯國（歿）

軍事戰略學家

● 1996/8/23　千山獨行：蔣緯國的人生之旅
　　　　　　　（汪士淳 著）

　　中華民國陸軍二級上將。浙江人，1916年生於日本東京，蔣中正次子，生父為戴季陶。蘇州東吳大學附屬中學畢業後，考入東吳大學物理系，1935年留學德國，習得新式戰法，1939年歐戰爆發後，受蔣中正之命轉赴美國受訓。1940年冬，學成返國後長期任職中華民國國軍。曾任國安會秘書長、國防部聯訓部主任、聯勤總司令、三軍大學校長、總統府資政、中華黃埔四海同心會首任會長、靜心小學董事長、中華民國足球協會理事長。對於軍事戰略研究頗有心得，曾被譽為「軍事戰略學家」。1997年病逝於台北榮總，身後安葬於五指山國軍公墓。

劉炯朗（歿）

享譽國際的電腦資訊學者、教育家

● 2002/8/30　愛上層樓

　　1934年出生於廣州，戰時在澳門成長，後於1952年隨擔任空軍的父親來台。成功大學電機系學士，麻省理工學院電腦博士，在即時系統、電腦輔助設計、VLSI布局、組合最佳化、離散數學等領域均有傑出之貢獻。曾先後當選美國電子電機工程師學會（IEEE）會士、美國計算機協會（ACM）傑出會員。2011年榮獲有「電子設計自動化界的諾貝爾獎」之稱的卡夫曼獎（Phil Kaufman Award）；2014年獲IEEE基爾霍夫獎；2015年獲中國計算機科學協會海外傑出貢獻獎；2016年獲ACM/SIGDA先驅成就獎；2017年獲得歐洲DATE2017Conference EDAA成就獎。曾任教於麻省理工學院及伊利諾大學，1998至2002年間擔任台灣國立清華大學校長，作育英才無數。2000年獲選為中央研究院院士，是國際上聲譽卓著的科學家、教育家。

◆▶ 陸以正（歿）
首任無任所大使

● 2002/4/15　微臣無力可回天

　　1924 年生，政治大學外交系畢業，哥倫比亞大學新聞研究所碩士。歷任新聞局第二處處長、駐美大使館公使銜參事兼駐紐約新聞處主任、聯合國大會代表團顧問、駐奧地利代表處兼新聞處主任、瓜地馬拉大使、南非大使等；先後任教於師大、政大，淡江大學國際研究學院，退休後獲外交部聘為首任無任所大使。著有《微臣無力可回天》《從台灣看天下》《台灣的新政治意識》《吵吵鬧鬧紛紛亂亂》等書。

◆▶ 吳京（歿）
高等教育的改革者

● 1999/8/30　吳京教改心

　　1934 年生，江蘇鎮江人，中研院院士，在海洋自然科學領域有卓越的貢獻。1994 年 8 月回國接任成大校長。1996 年 6 月出任教育部長，任內推動落實常態編班、高中職多元入學方案、提升技職教育尊嚴等多項重要政策，建立普通、技職、終身三條教育國道。2004 年自成大退休，長居於美國及台南市。2008 年 1 月 14 日，病逝於成大醫院，享壽 74 歲。

梅可望（歿）
秉持「憂患哲學」的教育家

● 1998/11/10　從憂患中走來

1918 年生於湖南，美國華盛頓州立大學警察行政碩士、密西根州立大學哲學博士。在戰火中成長的他淬鍊出一套「不因挫折而喪志，不因困難而畏縮」的「憂患哲學」。一生歲月奉獻給教育界與警界，曾擔任東海大學校長近十四年，以及中央警官大學校長、行政院青輔會祕書長、國防部司長、亞太文社中心祕書長及台大、師大、中興、文化等大學教授。曾任台灣促進中國現代化基金會董事長，另曾創辦財團法人台灣發展研究院、全國水上救生協會、中華民國幸福家庭促進協會等。2016 年以 98 歲高齡辭世。

吳舜文（歿）
中華民國第一位女實業家

● 1993/2/28　吳舜文傳（溫曼英著）

1913 年生於江蘇，父親吳鏡淵為知名實業家，為亦中華書局創辦人之一。受父親影響，吳舜文從小喜愛閱讀，上海聖約翰大學文學系畢業後，1955 年獲美國哥倫比亞大學碩士學位。與夫婿嚴慶齡從上海到台灣，創辦包括裕隆汽車在內的眾多企業。歷任台元紡織、台文針織董事長，國際崇她社台北分社社長，台灣中華汽車股份有限公司董事長等，裕隆汽車董事長兼總經理等。

在二十世紀的華人社會，她是掌管龐大企業的第一位女實業家。關心教育和新聞的她，曾於政大授課、擔任新埔工專（今聖約翰科技大學）第一任董事長與校長、出任《自立晚報》社長。曾獲中華民國第一屆「十大傑出企業家」、美國中國工程師學會「傑出貢獻獎」、美國「世界婦女最高榮譽勳章」。2008 年病逝於台北榮總，其所設立的「吳舜文新聞獎」，更是新聞工作者至高的榮譽。

黃孝宗（歿）
台灣飛彈之父

2001/3/20　IDF 之父

祖籍福建廈門。1920 年生於湖北漢陽，1942 年畢業於武漢大學機械系，1949 年畢業於美國麻省理工學院研究院，獲得博士學位。1950 年代參與美國二次大戰後新興的航太工業，創新發展出多項關鍵性科技，促成 1969 年人類首次登陸月球計畫成功。此後進一步發展多種國防航太科技系統，有「常勝將軍」之譽。1980 年受邀回國，曾任中山科學院代院長，成功研製出多種飛彈及 IDF 飛機等尖端國防科技武器，有「台灣飛彈之父」「IDF 飛機之父」等美譽。曾獲美國阿波羅登陸月球傑出獎、太空工作站傑出獎，中華民國一等寶鼎勳章和一等雲麾勳章。著作《液體推進劑火箭發動機設計》已有多國譯本，是世界各國航太領域專家之重要參考書。

張純如（歿）
英年早逝的傑出華裔女作家

1996/12/30　中國飛彈之父：錢學森之謎

祖籍江蘇，出身書香門第，外公為著名報人張鐵君。畢業於美國伊利諾大學新聞系，後又獲得約翰霍普金斯大學寫作碩士、約翰霍普金斯大學寫作研習計畫獎學金得主。曾擔任美聯社、《芝加哥論壇報》記者。她的第一本書《中國飛彈之父：錢學森之謎》（錢氏為主導中華人民共和國飛彈計畫的第一人，繁體中文版亦由天下文化出版），廣受全球好評；《被遺忘的大屠殺》是第一本以英語寫成的有關南京大屠殺的長篇著作，於 1997 南京大屠殺六十週年出版，登上《紐約時報》暢銷書排行榜達十週，銷售量近 50 萬冊，在國際社會引起廣大回響。她曾膺選為麥克阿瑟基金會「和平與國際合作計畫」獎得主，並獲得「國家科學基金會」「太平洋文化基金會」與「哈利‧杜爾門圖書館」贊助。2004 年 11 月過世，享年 36 歲。

凱瑟琳・葛蘭姆 (歿) Katharine Graham

▶ 全美最有影響力的女報人

● 1998/11/15　個人歷史（尹萍譯）

1917 年生於紐約，芝加哥大學畢業。她出身豪門，見識廣泛。父親尤金・梅爾於 1933 年買下《華盛頓郵報》，從此家族踏入新聞業。1963 年夫婿菲爾罹患躁鬱症飲彈自盡後走出家庭，擔任總裁並兼任發行人，大舉更新人事，完成公司股票上市。1970 至 80 年代，走過越戰風雲、女權運動、罷工浪潮，「國防部文件案」風波，堅持捍衛新聞自由；在「水門事件」中，不畏尼克森政府的威脅，力挺郵報編輯與記者群挖掘真相，郵報也因此榮獲普立茲公共服務獎。她的自傳《個人歷史》曾獲 1998 年普立茲獎，為其精采的一生、華府報業興衰及近代美國政治發展留下珍貴紀錄。2001 年辭世，享年 84 歲。

布里辛斯基 Zbigniew Brzezinski

▶ 國際事務評論專家

● 1994/9/15　失控：解讀新世紀亂象

華府戰略暨國際研究中心及約翰霍普金斯大學國際研究學院美國外交政策教授，曾任美國國家安全顧問，目前定居華盛頓特區。

著作等身，包括《失控》（天下文化出版）《大國政治》《美國的危機與轉機》《大失敗》《權力與原則》和《大棋盤：全球戰略大思考》等。

黑幼龍
引進卡內基訓練、提升企業競爭力

⬤ 2001/7/2　破局而出

　　美國羅耀拉大學碩士。曾任休斯飛機公司經理、光啟社副社長。1987 年引進全球知名的企管訓練課程「卡內基訓練」，幫助企業發揮人力資源潛能，增強企業競爭力，開啟企業人才培訓的風氣。現任卡內基訓練大中華地區負責人。曾被評選為對台灣最有影響力的人士和 20 歲到 40 歲上班族最想追隨的領導人之一。豐富的人生歷練，樂於分享的人生態度，不斷造福台灣社會的每個階層。著有《破局而出》《贏在影響力》《只要你比別人更想飛》《遇見更好的自己》《黑幼龍的心靈雞湯》《抗壓力》《黑幼龍和你談心》《黑暗中總有光》等書（以上均由天下文化出版）。

安吉麗思 Barbara De Angelis
當代靈性成長具影響力的導師

⬤ 1996/1/20　活在當下

　　安吉麗思博士是當代個人成長與靈性成長領域，最有影響力的導師之一。多年來，她散播愛、快樂與追尋人生意義的訊息，影響了全球各地的數千萬人。她寫過近二十本書，被譯成二十餘種文字出版，其中包括《紐約時報》暢銷書《活在當下》《女人都該知道的男人秘密》，以及深受歡迎的《愛是一切的答案》等書（以上皆為天下文化出版）。芭芭拉曾在美國有線電視台（CNN）、哥倫比亞廣播公司（CBS）與美國公共廣播網（PBS）主持自己的節目。她的得獎節目「讓愛行得通」（Making Love Work）專門探討人際關係，擁有極佳的收視率。

▶ 余秋雨

開創「文化大散文」，集文采、哲思於一身的大學者

● 2001/6/25　吳越之間

1946 年生於浙江。在中國大陸的文革災難時期，以戲劇為起點，針對當時的文化極端主義，建立了《世界戲劇學》的宏大構架。二十世紀八十年代中期，被推舉為當時中國大陸最年輕的高校校長，並出任上海市中文專業教授評審組組長，兼藝術專業教授評審組組長。曾獲「國家級突出貢獻專家」「上海十大高教精英」「中國最值得尊敬的文化人物」等榮譽稱號。

曾毅然辭去一切行政職務，孤身一人尋訪中華文明被埋沒的重要遺址，又冒著生命危險貼地穿越數萬公里考察眾多古文明的文化遺跡，在考察過程中寫出的《文化苦旅》《山居筆記》《千年一歎》《行者無疆》等書籍，開創「文化大散文」的一代文風，獲得兩岸三地諸多文學大獎，並長期位居全球華文書籍暢銷排行榜前列。隨後又投入對中國文脈、中國美學、中國人格的系統著述。聯合國教科文組織、北京大學表彰他「把深入研究、親臨考察、有效傳播三方面合於一體」，是「文采、學問、哲思、演講皆臻高位的當代巨匠」。

自 2002 年起，赴美國哈佛大學、耶魯大學、哥倫比亞大學、紐約大學、華盛頓國會圖書館、聯合國中國書會講授「中華宏觀文化史」「世界座標下的中國文化」等課題，每次都掀起極大反響。2008 年，上海市教育委員會頒授成立「余秋雨大師工作室」。亦為中國藝術研究院「秋雨書院」院長、香港鳳凰衛視首席文化顧問、澳門科技大學人文藝術學院院長。

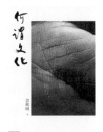

▶ **朱銘**
融合傳統與現代的雕塑大師

● 1997/9/30　刻畫人間：藝術大師朱銘傳
（楊孟瑜 著）

　　出生於台灣苗栗縣，本名朱川泰。15 歲師從李金川師傅學習傳統廟宇的雕刻與繪畫，30 歲拜入台灣雕塑界大師楊英風門下。朱銘融合傳統木雕與現代雕塑的精神，逐漸發展出超越兩者的獨特風格。其融合文化精神與太極招式的「太極系列」作品，確立了他在雕塑界的地位。以個體或群體為題材來表現人間百態的「人間系列」，則展現了高度的調和性、與新媒材的嘗試與挑戰。1999 年於金山創設「朱銘美術館」，讓他的作品與自然環境相互呼應。朱銘的作品中，深藏東方之精神性，又能融合傳統與現代，更不斷追求革新，為台灣美術界的代表藝術家之一。

▶ **林懷民**
雲門舞集創辦人

● 1998/10/30　飆舞：林懷民與雲門傳奇
（楊孟瑜 著）

　　1947 年出生於台灣嘉義。14 歲開始發表小說，22 歲出版《蟬》，是 1960 至 70 年代台北文壇矚目的作家。大學就讀政治大學新聞系；留美期間，一面攻讀學位，一面研習現代舞。1972 年，自美國愛荷華大學英文系小說創作班畢業，獲藝術碩士學位。1973 年，林懷民創辦雲門舞集，帶動了台灣現代表演藝術的發展。雲門在台灣演遍城鄉，屢屢造成轟動，並經常出國作職業性演出，獲得佳評無數。2000 年獲《歐洲舞蹈雜誌》選為「二十世紀編舞名家」，2005 年登上《時代》雜誌年度亞洲英雄榜，2009 年德國舞動國際舞蹈節頒給終身成就獎，2013 年獲美國舞蹈節終身成就獎以及中華民國一等景星勳章。

黃效文 Wong How Man
中國探險學會創辦人及會長

● 2001/8/25　接近天堂

　　1949 年生於香港。自 1974 年起，黃效文就以記者身分開始探索中國，曾為《國家地理雜誌》率隊進行六次重要探險活動，期間他身兼探險、寫作、攝影三職，並發現了長江的一條新源流。1986 年於美國創立中國探險學會，這所名聲卓著的非營利機構，旨在前往中國偏遠地區從事探險、研究、保育和教育。

　　2002 年《時代》雜誌提名黃效文為二十五位亞洲英雄之一，讚譽他是「在世的中國探險家中，成就第一。」中國探險學會成功進行數十項保育計畫，許多計畫曾拍成正式的紀錄片。

　　黃效文經常在重要的國際場合應邀主講，曾被選為青年總裁組織與世界總裁組織的最佳演講之一。歷年來獲得眾多榮銜，包括母校美國威斯康辛大學河瀑分校授予名譽博士、2013 年獲星雲真善美新聞傳播獎「華人世界終身成就獎」等。天下文化曾為他出版了一個系列共十四本書。

夏祖麗
重現林海音精采人生的報導文學健將

● 2000/10/9　從城南走來：林海音傳

1947 生，為著名作家林海音與何凡之女，曾任純文學出版社總編輯，是報導文學健將。1986 年遷居澳洲專事寫作，出版散文、報導文學、兒童文學等著作二十餘冊。曾獲 1992 年中國文藝協會文藝獎、1995 年圖書金鼎獎。2000 年由天下文化出版之《從城南走來：林海音傳》獲聯合報讀書人年度最佳書獎。

作家林海音主編《聯合報》副刊十年，集作家、編輯、出版人一身，縱橫台灣文壇半世紀。為了替母親寫傳，夏祖麗除了爬梳史料，又循著母親生活的軌跡，前往北京、南京、上海、台北各地探訪故舊，在重製母親精采無憾的一生的同時，也完成了自我的實踐與追尋。

葉錦添
奧斯卡金獎美術指導

● 2002/2/5　繁花

1967 年生，畢業於香港理工學院（今理工大學）高級攝影專業，自 1986 年參與第一部電影《英雄本色》以來，合作過的對象遍及港台美等地知名藝術家如李安、蔡明亮、田壯壯、李少紅、關錦鵬、陳國富等人以及台灣著名表演團體雲門舞集、當代傳奇劇場、漢唐樂府、太古踏舞團、優劇場等，創作足跡遍及奧地利、法國、英國與新加坡等地。2001 年以《臥虎藏龍》獲奧斯卡「最佳美術設計」與英國影藝學院「最佳服裝設計獎」。近年遊走於服裝、視覺藝術、總體美學之間，2002 年在台北故宮博物院推出「時代的容顏」服裝特展，之後陸續在法國波席文化中心及西班牙等地舉辦特展，正式向西方世界傳達他詮釋的東方藝術之美。著有《不確定時間》《繁花》《中容》《赤壁》等書。

羅智成
知名詩人、媒體工作者

● 2000/2/29 南方以南・沙中之沙

1955 年生於台北。台灣大學哲學系學士，美國威斯康辛大學東亞語文研究所博士班肄業。是詩人、作家，也是多面向的媒體怪獸。曾任《中時晚報》總編輯、樺舍文化事業總經理、香港光華新聞文化中心主任、中央社社長等。參與過許多傑出媒體的創辦，包括盛極一時的《TO'GO 旅遊雜誌》等。作品有《南方以南・沙中之沙》《光之書》《傾斜之書》《擲地無聲書》《寶寶之書》《黑色鑲金》，散文及評論《M 湖書簡》《亞熱帶習作》《文明初啟》《南方朝廷備忘錄》《泥炭紀》等。

郭正佩
融科技與文學於一爐的斜槓作家

● 2001/7/30 e 貓掉進未來湯

筆名 e 貓，因為既愛貓，生活中又離不開與電腦有關的 e 化事業。台大物理系畢業，後進入麻省理工學院深造。2001 年夏天，到法國電信公司巴黎研發中心實習三個月。也曾在德國易利信服務，隨後前往日本 NTT DoCoMo 無線通信研究所工作。之後再進入東京大學繼續從事網路數位研究，致力於影像搜尋開發。目前任教於國立政治大學。 出版過《e 貓掉進未來湯》《絲慕巴黎》《聖傑曼的佩——絲慕巴黎第二話》《東京・村上春樹・旅》《希臘・村上春樹・貓》等作品。

▶▶ 林徽音（歿）
民國第一才女

▶▶ 梁從誡（歿）
中國民間環保第一人

● 2000/3/10　林徽音文集（梁從誡編）

　　1904年生於浙江，1924年和未來的夫婿梁思成一同赴美國賓夕法尼亞大學學習建築，返國後兩人參與創辦清華大學建築系。胡適稱譽她為「中國第一才女」；徐志摩視她為「唯一的靈魂伴侶」。她既是詩人、作家，又是教授、建築學家，不但風華迷倒眾人，學養深厚更表現在文學、藝術、建築乃至於哲學思考，連梁啟超也對這位欽定媳婦讚譽不絕。1955年病逝於北京同仁醫院。

　　1932年生於北平，抗戰期間隨父（梁思成）母（林徽音）避難雲南、四川。先後畢業於北京大學歷史系本科及研究院。文革期間下放江西農村勞改。後應聘到民辦中國文化書院任教授，並創辦綠色文化分院「自然之友」。編選作品有《圖像中國建築史》《林徽音文集》等。因其在環境及野生動物保護的貢獻，先後獲得「亞洲環境獎」「地球獎」與「大熊貓獎」「麥格塞塞獎」，被大陸刊物評為「對二十一世紀的中國最有影響的二十五位民間人士」之一。

余光中（歿）
左手寫詩、右手寫散文的當代文學家

🔵 1999/1/30　茱萸的孩子：余光中傳
（傅孟麗 著）

1928 年生，美國愛荷華大學藝術碩士。歷任台灣師範大學、台灣大學、政治大學、香港中文大學教授等，1985 年起定居高雄西子灣，任中山大學文學院院長及外國文學研究所所長。一生從事詩歌、散文、評論、翻譯，先後主編多種文學刊物，馳騁文壇逾半個世紀，文學生涯悠遠、遼闊、深沉，在華文世界已出版著作上百種，成為當代華文世界經典作家之一。除了創作不輟外，更關心青年們對固有文化的認識、自我創作的能力。曾與學者、文化界人士組成「搶救國文教育聯盟」，發起全國連署，搶救下一代的中文能力。

柯錫杰（歿）
台灣現代攝影第一人

🔵 1997/10/20　宇宙遊子柯錫杰
（余宜芳著）

日據時期出生於台南富商家，年輕時曾逃兵入監服刑。30 歲輾轉走上專業攝影之路，1960 年代崛起於現代藝術圈的柯錫杰，日本學成之後，為台灣攝影界帶來極大的震撼，不但為廣告攝影拓荒，也為現代攝影開路。38 歲遠赴美國，闖盪時尚之都，在激烈競爭的攝影圈闖出名氣，50 歲又拋卻一切，放棄半生汲營，回歸自然，尋找心靈的純淨。

他從攝影提煉出屬於「柯錫杰的風景」，以一顆赤子之心，蘊含大自然的真切，用純真之眼，捕捉世間的潔淨。他純真浪漫、冒險犯難的性格，驅動著他不平凡的一生。

劉其偉（歿）
台灣第一位「探險傳奇畫家」

⬤ 1996/4/27　探險天地間：劉其偉傳奇
（楊孟瑜 著）

　　廣東中山人，日本官立東京鐵道教習學院畢業，曾任中國文化大學、東海大學、中原大學建築所教授，香港東南亞研究所名譽研究員。集工程師、畫家、作家、教授、探險家於一身的他素有「老頑童」之稱。著有《樂於藝》《水彩技巧與創作》《現代藝術基本理論》《抽象藝術造形原理》等書，以及〈當代藝術的社會價值在中西思想上的差異〉等論文。天下文化出版之相關傳記有《探險天地間：劉其偉傳奇》《百變劉其偉》（楊孟瑜 著）。

張毅（歿）
知名導演、「琉璃工房」創辦人

⬤ 1999/1/30　今生相隨：楊惠姍、張毅與琉璃工房（符芝瑛著）

　　1951 生於台北。19 歲即成為當代倍受矚目的短篇小說作家，其作品兩度評為年度最佳著作。世界新聞學院畢業後，開始了他的導演生涯，其所執導的《我這樣過了一生》，為他贏得金馬獎及亞太影展最佳導演；而他執導的最後一部電影《我的愛》，則被美國紐約《綜藝》雜誌年鑑選為台灣電影百年（1895-1995）十大傑出電影之一。1987 年，張毅放下如日中天的電影事業，與楊惠姍共同創立台灣第一個琉璃藝術工作室「琉璃工房」，為傳統工藝美術開創新的可能與方向。張毅的設計不僅強調現代藝術的創作基本概念，且涵蓋強烈傳統思維，為琉璃藝術開創新局。2020 年病逝於台北。

▶ 諾貝爾文學獎得主

奈波爾（歿）V. S. Naipaul

● 1999/4/30　大河灣（李永平譯）

1932 年出生於千里達島上的一個印度家庭，十八歲時，以獎學金進入牛津大學，攻讀英國文學，之後遷居倫敦，服務於英國廣播公司（BBC）。1957 年起，奈波爾正式展開寫作生涯，作品包括小說及非小說，如《神祕按摩師》《畢斯華斯先生的屋子》《在自由的國度》《抵達之謎》《世間之路》《印度：受傷的文明》《幽黯國度》《模仿人》《浮生》等，曾獲「布克獎」「毛姆小說獎」「霍桑登獎」「史密斯獎」等多項文學大獎。2001 年，奈波爾榮獲文學界最高榮譽──諾貝爾文學獎。評審團將他與康拉德相提並論，認為奈波爾的作品「融合了深具洞見的敘述與永不妥協的審視，迫使我們正視受壓迫的歷史。」

▶ 富含哲學色彩的寓言作家

保羅·科爾賀 Paulo Coelho

● 1998/1/9　我坐在琵卓河畔，哭泣（許耀雲譯）

1947 年出生於巴西里約熱內盧，曾任劇場導演、記者、專欄作家、作詞者。出於對宗教和性靈世界的好奇周遊列國。1986 年探訪古西班牙的朝聖之路，後寫成《朝聖》一書。1987 年出版《牧羊少年奇幻之旅》，自此奠定文壇地位。1994 年出版《我坐在琵卓河畔，哭泣。》，後著有《薇若妮卡想不開》《魔鬼與普里姆小姐》。科爾賀深信，人生最重要的體驗常發生在極短的時間內，他筆下的主角，常在一個特定的時空內，追尋自我、省思生死、真愛與信仰；他的作品也因此成為富含哲學色彩的動人寓言。科爾賀有三十本著作，被譯為八十三種語言，在全球逾一百七十個國家出版，銷售超過 3 億 2 千萬本。

2003───▶2012

在科技狂潮下，
持續思索前進

2009 年，齊邦媛老師《巨流河》新書發表會。左起為張作錦、
王力行、齊邦媛、黃春明、白先勇、高希均、陳怡蓁

2003

2012

思 索 前 進

2003

▶ 出版《執行力》，當年度印量二十三萬冊，至今仍為出版市場上銷售最佳的財經企管書籍之一

▶ SARS 疫情期間出版《別怕SARS》，引領一同關心公衛與健康議題

▶ 邀請《第五項修練》作者彼得‧聖吉來台，首創風氣之先，舉辦三千人大型演講

▶ 邀請《企業全面品德管理》作者馬瑞諾夫和編者馬家敏來台

▶ 成立「親子生活」系列，出版《心智地圖》《我數到3ㄛ！》等親子教養書籍

2004

▶ 出版全球知名企業顧問夏藍著作《成長力》《應變》

2005

▶ 邀請余秋雨來台，於全國各地舉辦6場活動

▶ 邀請《藍海策略》作者金偉燦、莫伯尼來台，在台灣掀起藍海旋風

金偉燦（右）、莫伯尼（左）訪台掀起藍海旋風

▶ 成立「文化趨勢」系列，邀請科技人陳怡蓁擔任系列總編輯

▶ 與「大樹文化」策略聯盟，共同耕耘台灣本土自然叢書，創下出版業合作模式首例

▶ 邀請《志工企業家》作者大衛‧伯恩斯坦來台演講

▶ 成立「LIFE」「語文學習」系列

2006

▶ 出版網路新經濟專家安德森著作《長尾理論》，「長尾」一詞隨即成為新的商業流行語

▶ 與 TVBS 合作「發現台灣藍海」系列節目

2006 年，天下文化與 TVBS 合作製播「發現台灣藍海」節目，由高希均教授主持，邀請專家現身說法，左起為林懷民、姚仁祿、高希均

▶ 出版日本趨勢大師大前研一著作《專業》

▶ 出版《星雲八十》

2006 年為佛光山開山四十週年，同時也是星雲大師八十壽誕，《星雲八十》新書發表會在佛光山如來殿舉行，高希均贈書予星雲大師，作為八十壽誕賀禮

2007

▶ 與冠德建設異業結盟，推動「終身學習」書香社區，創下出版業與營建業合作先例

▶ 邀請趨勢大師奈思比來台，舉辦三千人大型專題演講

▶ 天下文化二十五週年，與奧美集團合作發起「相信閱讀」運動，10種新經典書重新包裝上市，創下出版業與廣告業合作先例

▶ 與「大小創意齋」姚仁祿、陳淨兒伉儷共同研發 IP 新媒體形式，創設「大小媒體」，從平面出版產業跨入網路媒體產業

▶ 成立「大小創意」系列，出版第一本新書《創意姚言》

2008

▶ 七月二十九日《聯合報》頭版以頭條新聞報導：「物理奧林匹亞奪五金，《觀念物理》打下基礎」，掀起觀念科學系列的閱讀風潮

▶ 出版《紐約時報》著名專欄作家佛里曼著作《世界又熱又平又擠》

2009

▶ 出版全球百大演說家肯·羅賓森著作《讓天賦自由》

2010

▶ 出版《Google 時代一定要會的整理術》

2011

▶ 出版耶魯大學法學教授蔡美兒教養書《虎媽的戰歌》，引發討論親子教養熱潮

▶ 《賈伯斯傳》創下台灣出版界預付版稅最高、翻譯編輯作業時間最短、預購數量最高、電視廣告行銷等多項空前紀錄，另獲得博客來網路書店二〇一一年暢銷書榜第一、誠品書店「年度銷售之冠」

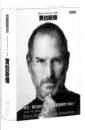

《賈伯斯》的繁體中文版銷售逾 40 萬冊，為時代重要印記。

2012

▶ 出版《前進的思索》十位典範人物自選集，與社會各界分享他們的才情、焦慮與思索，凝聚社會向上的力量

▶ 被譽為「行為經濟學之父」康納曼的《快思慢想》，上市兩週，銷售立刻突破四萬冊，同登博客來、誠品、金石堂三大銷售榜首

▶ 出版哈佛大學教授克里斯汀森《你要如何衡量你的人生》，累計銷售達十萬冊以上的暢銷書

▶ 出版哈佛大學傅高義教授《鄧小平改變中國》擴展觀看現代中國的視角

鄭崇華
台達電創辦人

● 2010/1/9　實在的力量：鄭崇華與台達電的經營智慧
　　　　　　　　　（張玉文著）

　　台達電子工業股份有限公司董事長暨環保長，成功大學電機工程學士，曾於亞洲航空公司（Air Asia）擔任航太儀器工程師、美商精密電子公司（TRW）擔任工程、製造及品管的管理工作。1971 年創立台達電子。在他的領導下，台達電子成為全球電腦、電信、消費性電子以及網路通訊產業的世界級領導廠商，並獲得許多國際認同與獎項。

　　多年來並持續獲得全球各主要客戶的供應商獎項。媒體界推崇鄭崇華為台灣第一位企業環保長（CEO, Chief Environmental Officer）及台灣科技教父。1990 年，鄭崇華設立台達電子文教基金會，參與並贊助各項環保活動。2006 年，獲得管理科學學會頒發象徵管理學界最高榮譽的「管理獎章」，同年獲清華大學頒贈榮譽工學博士。2007 年，中央大學、成功大學分別頒贈地球科學榮譽博士、名譽工學博士學位，肯定其長期致力於環境永續發展，以及對於世界電子產業發展的卓越成就。

鄭崇華（右二）於 2017 年參加「華人領袖遠見高峰會」，與周俊吉（右三）、高希均、王力行合影（遠見提供，關立衡攝）

嚴長壽
從觀光教父到公益大使

● 2008/3/31　我所看見的未來

　　1947年出生於上海，祖籍浙江杭州。1歲時跟隨家人到台灣。28歲當上美國運通總經理，32歲成為亞都麗緻飯店總裁。但是自從踏入美國運通，便把「以觀光旅遊讓台灣和世界交朋友」當成一生職志，直到今天，初衷不變。因此，他積極參與台灣的觀光國際事務，從組團到國外推廣，到參加亞洲旅遊協會、美洲旅遊協會，擔任世界傑出旅館系統亞洲主席、青年總裁協會世界大會主席、台北燈會主任委員、中華美食推廣委員會主任委員、台北旅展主任委員、觀光協會會長等，面對數不完的推廣任務，都無怨無悔，樂於承擔。

　　1997年，嚴長壽把自己的奮鬥故事寫成《總裁獅子心》，立刻成為當時「最暢銷的管理勵志類叢書」，以及金石堂書店「1997年最具影響力」「蟬聯暢銷書排行榜最久」的書，也獲得了「1999年金書獎」，本人更獲得「1999年度菁鑽大章」。2002年出版《御風而上》，同樣獲得「2002年金書獎」、金石堂書店2002年最具影響力的書。2008年由天下文化出版的《我所看見的未來》，不僅榮獲2009年台北國際書展大獎，更獲選國家文官培訓所2009年公務人員指定閱讀書籍暨心得寫作競賽專書。

　　2009年與企業界、文化界友人共同發起成立「財團法人公益平台基金會」，實現以「正面」行動取代「消極」呼籲的承諾。2011年出版《教育應該不一樣》，風靡華人社會。2012年，擔任「台東縣私立均一國民中小學」董事長，希望透過優質教育，帶入國際資源，以改寫偏鄉的宿命。

李開復
全球人工智慧領軍人物

● 2011/3/21　140 字的驚人力量：李開復談微博改變一切

出生於台灣的李開復，11 歲赴美留學。1988 年成為哥倫比亞大學最年輕副教授。1990 年加入蘋果電腦，33 歲成為蘋果最年輕的副總裁。1998 年創辦微軟中國研究院，2000 年回到微軟總部，成為比爾蓋茲智囊團之一。

2005 年加入 Google 擔任中國區主要負責人。2009 年創辦創新工場，目前是創新工場董事長兼執行長，自始至終勇於追隨自己的人生選擇。是最受年輕人歡迎的創業家、企業家、人生導師和趨勢家。於 2013 年獲選為《時代》雜誌全球百大最有影響力者。他同時也是香港城市大學的榮譽博士、卡內基美隆大學榮譽商業管理博士，以及美國電氣電子工程協會院士，並於 2019 年起出任「世界經濟論壇」第四次工業革命中心的人工智慧委員會聯席主席。

2019 年，李開復（右二）在新書論壇中與張善政（左二）對談 AI 新趨勢。

▶▶ 郭台銘

創立鴻海、極受到重視的一位大企業家

● 2005/1/24　虎與狐：郭台銘的全球競爭策略（張殿文著）

　　中國海事專科學校（今台北海洋科技大學）航運管理科畢業。1974 年，郭台銘以母親標會的十萬元創業，從黑白電視機旋鈕製造起家。1981 年，鴻海成功轉型生產個人電腦「連接器」。1982 年改名「鴻海精密工業股份有限公司」。1985 年成立美國分公司，此後更在全球設置據點，2001 年，鴻海的營業額超越科技業霸主台積電，成為台灣第一大民營企業；2005 年更超越國營公司中油，成為台灣最大企業，並持續迄今。

　　2009 年，個人投資的群創光電合併奇美電子。2016 年鴻海精密工業收購日本夏普，並持有其股份 66%，成為最大股東，2022 年鴻海更榮登《財星》全球前五百大企業的第 20 名。

2019 年新書發表會上，郭台銘將《從郭董到果凍》版稅全數捐贈給家扶基金會。

徐立德
台灣經濟轉型推手

⬤ 2010/9/10　情義在我心

　　1931年出生於湖北漢口，祖籍河南羅山。曾任財政部常務次長、台灣省政府財政廳廳長、財政部部長、經濟部部長、行政院副院長、經濟建設委員會主委、總統府資政。畢業於省立法商學院行政系，政治大學政治研究所碩士、美國美利堅大學研究、哈佛大學公共行政碩士、加拿大維多利亞大學榮譽法學博士。

　　1952年加入中國國民黨，國防研究院第11期、革命實踐研究院國建班第1期結業。1981年當選為中央委員，並曾任國民黨副祕書長、財委會主任委員暨政策會執行祕書、中央常務委員等職務。1988年成立環宇投資公司，擔任董事長，另曾任私立聯合工專董事長、孫運璿學術基金會董事長、航發基金會董事長。從政歷程收錄於《情義在我心》一書。

尹衍樑
擁有眾多才華的潤泰集團總裁

⬤ 2006/12/29　尋找夢想的家

　　政治大學企業管理博士。現擔任潤泰集團總裁、潤泰集團營建事業群研發長及技術長暨總工程師、台灣大學土木系暨研究所兼任教授、北京大學教授及博士生導師。

　　向來秉持「對企業的經營是責任、對工程機械的專研是興趣，對社會的關懷是感恩回饋，對教育的關懷是民族使命」的信念。1978年榮獲台灣傑出青年紡織工程師獎，2005年獲得中華民國國家創作發明獎之個人創作獎金牌。

宣明智
台灣半導體推手之一

⚫ 2004/9/30　管理的樂章

　　交通大學電子工程系畢業。曾任工研院電子所，負責發展 IC 及電腦通訊技術，1982 年加入聯華電子，2000 年，主導聯電五合一案，令聯電營收快速成長，成為國際上重要的晶圓代工廠。參與推動台灣半導體、資通訊高科技產業四十年，擁有美國專利五十項，親身參與成立百餘家新創公司，其中超過五十家成功上市上櫃。

　　曾獲中華民國企業經理協進會卓越成就獎、中華民國管理科學學會呂鳳章先生紀念獎章、資策會傑出資訊人才，2001 年獲頒交通大學名譽博士。

湯明哲
推動台灣策略管理

⚫ 2003/2/10　策略精論：基礎篇

　　麻省理工史隆學院管理博士。曾任教於伊利諾大學香檳校區，兩度獲選為最佳教師，於 1991 年獲終身教職。1994 年任教香港科技大學，1995 年返國擔任長庚管理學院工管系系主任，1996 年轉赴台大國企系任教並擔任 EMBA 第一任執行長。曾擔任台灣大學副校長、聯發科技外部董事、趨勢網路軟體教育基金會董事等。研究專長為產業分析、國際市場進入策略、科技與策略之互動、銀行業資訊不對稱性與道德危險等。他認為唯有了解策略形成的背景和邏輯，中階主管才能有效執行；員工也才能依此做生涯規劃。

張明正、陳怡蓁

趨勢科技創辦人、推動公益的典範

● 2003/10/30　擋不住的趨勢

張明正

趨勢科技共同創辦人暨總執行長。曾兩度獲得美國《商業周刊》推選為「亞洲之星」，為台灣創業家的代表。出生於台灣屏東。輔仁大學應用數學系畢業，美國賓州理海大學（Lehigh University）電腦碩士。1988 年創辦趨勢科技以前，先後於美國 Sales Promotion Analysis Research Inc. 任專案經理、台灣惠普業務工程師及創辦華夏資訊。

陳怡蓁

趨勢科技共同創辦人暨文化長，亦曾是天下文化「文化趨勢」書系總編輯。台大中文系畢業，曾任職於《遠見》雜誌暨天下文化出版公司。1988 年與夫婿張明正共同創辦趨勢科技。對趨勢科技的發展、策略、經營均親身參與，多除了主掌趨勢科技國際行銷及人力資源，也致力於企業文化之推廣。著有《@ 趨勢》《擋不住的趨勢》，並曾為天下文化翻譯《矽谷熱》《一分鐘管理》《工作與愛》，主編《樂在工作》《反敗為勝》等暢銷書。

趨勢科技董事長張明正（中）、陳怡蓁（左二）和湯明哲教授（右一）同台推薦《執行力》。

林祖嘉
著名經濟學者參與兩岸經貿決策

⚫ 2005/10/31　兩岸經貿與大陸經濟

國立政治大學經濟學碩士、美國洛杉磯加州大學經濟學博士。曾任政大經濟系系主任、中華民國住宅學會理事長、《工商時報》《經濟日報》主筆、行政院大陸委員會副主任委員、國發會主任委員及行政院政務委員等。

研究領域包括住宅經濟、勞動經濟與兩岸經貿。出版的專書有與高希均教授等人合著的《經濟學的世界》《台灣突破：兩岸經貿追蹤》《台商經驗：投資大陸的現場報導》等，個人著作有《兩岸經貿與大陸經濟》《前進東亞，經貿全球：ECFA 與台灣產業前景》等書。

王文華
知名作家、主持人與創意人

⚫ 2012/6/29　創業教我的 50 件事

台大外文系畢業，史丹佛大學 MBA。曾任職於 Dun & Bradstreet、迪士尼、MTV 等大公司。2007 年合創台灣第一家社會企業——「若水」公司，2010 年創辦「夢想學校」，兼具創意和行銷專長。著有《創業教我的 50 件事》《A+ 到 A 咖》《蛋白質女孩》《倒數第 2 個女朋友》《史丹佛的銀色子彈》《Life2.0：我的樂活人生》等書，電影劇本《如何變成美國人》《天使》獲新聞局優良電影劇本獎，是風靡兩岸的知名作家與主持人。2013 年，成立「創新拿鐵」網路媒體。

施建生(癸)
台灣經濟學教育先驅

⬤ 2005/3/22　偉大經濟學家熊彼得

　　1917 年生，國立中央大學學士、美國哈佛大學碩士。在哈佛期間曾受教於熊彼德門下，親炙當代經濟學家熊彼德及多位名師的風采與學識涵養。從事教學工作五十餘年，現任國立台灣大學名譽教授、中華經濟研究院研究顧問、台灣經濟研究院研究顧問。曾任台灣大學教授、法學院院長；中國文化大學教授、經濟學系主任、經濟研究所所長、法學院院長；美國密西根州立大學客座教授；美國威斯康辛大學勒考斯校區客座教授。著有：《經濟學原理》《經濟政策》《現代經濟思潮》《偉大經濟學家熊彼德》《偉大經濟學家凱恩斯》《偉大經濟學家海耶克》《偉大經濟學家費利曼》《偉大經濟學家亞當．斯密》《偉大經濟學家李嘉圖》等書。

張榮發（歿）
長榮集團創辦人

● 2012/1/31　鐵意志與柔軟心
　　　　　　（吳錦勳撰文）

　　長榮集團創辦人。從一艘雜貨船開始建立長榮海運，並開闢環球雙向貨櫃航線，在全球貨櫃船業踞領導地位。1985 年成立張榮發基金會，推動公益不遺餘力。1988 年創立長榮航空，是台灣第一家民營國際航空公司。

　　2006 年 3 月，財團法人張榮發基金會購下國民黨中央委員會大樓，於該大樓規劃設置海事博物館、音樂表演廳等公益會場，並對國內外人士就文化藝術、急難救助、社會公益等領域，有卓越貢獻者設置獎項及補助，以帶動國際間行善助人的風氣。於 2016 年 1 月 20 日安詳辭世，享壽 90 歲。

黃俊英（歿）
行銷學學者從政的典範

● 2003/3/1　行銷學的世界（新版）

　　愛荷華大學企管哲學博士。曾任政治大學企管研究所教授，美國加州州立工藝大學客座教授，中山大學管理學院院長、教務長，行政院研考會副主委及高雄市政務副市長，義守大學管理研究所講座教授、中山大學管理學院榮譽講座等。曾獲嘉新水泥文化基金會優良著作獎、國科會優等及甲等研究獎、行政院研考會一等專業獎章、北美華人管理教育家學會首屆傑出成就獎、中華民國管理科學學會 2001 年管理獎章、中華民國科技管理學會院士等。2014 年於考試委員任內因肺腺癌病逝。

▶▶ 包熙迪 Larry Bossidy
百大科技與製造業領導人

● 2003/1/25　執行力

包熙迪

《財星》雜誌評選為百大科技與製造業領導人之一。曾任漢威聯合公司及聯合訊號公司董事長與執行長，奇異、默克、摩根大通董事，奇異公司副董事長及奇異信用營運長。在他任職聯合訊號期間，該公司連續三十一季每股盈餘成長超過 13％。包熙迪將多年來豐富的管理經驗，濃縮在這本書中，與夏藍一同闡述長久以來企業所失落的環節──執行力，幫助企業重獲邁向成功的紀律與方法。

▶▶ 夏藍 Ram Charan
重量級企業顧問

夏藍

全球知名的重量級企業顧問、作者與講者；是諸如奇異電子、杜邦、3M、荷蘭航空、美國銀行等許多《財星》雜誌五百大企業成功的幕後推手。曾入圍《時代》雜誌百大人物；《經濟學人》譽之為「時代的導師」；《富比士》將其列為「商界遠見人士」系列報導的大師之一。

夏藍擅長協助企業最高決策單位，如執行長及董事會。他眼光務實、見解敏銳中肯、能提供可執行的建議。其擅長的領域包括企業成長、策略規畫、領導、建立高階管理團隊、公司治理、推動創新等。《高速企業》雜誌曾指出：「讓夏藍贏得諸多一級主管美譽的原因，除了他全心投入，最重要的是他見解獨到。」著作等身，包括《執行力》《應變》《實力》《成長力》《決勝人才力》《大移轉》等。

賈伯斯（歿）Steve Jobs

▶ 蘋果之父、追求完美的世紀傳奇

● 2011/10/24　賈伯斯傳
（華特‧艾薩克森著）

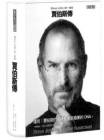

美國發明家、企業家，蘋果公司創辦人之一並曾擔任董事長、執行長。另外也曾是NeXT與皮克斯動畫的創辦人、執行長。

賈伯斯執著的個性、追求完美的熱情和狂猛的驅力推動六大產業革命，包括個人電腦、動畫、音樂、電話、平板電腦和數位出版。賈伯斯旺盛的企圖心就像一把火，不但鞭策自我，也讓周遭的人受不了。但他的個性和熱情已和他的產品密不可分，就像蘋果的硬體和軟體已結合成一個整體。我們可從他的人生故事得到啟發、學到教訓，但就創新、個性、領導力和價值而言，他絕對是最好的學習教材。他曾七度登上《時代》雜誌封面，蘋果簡約、重視美感的設計影響了整個世代。2011病逝於美國加州。2022年，美國白宮追贈總統自由勳章，表彰他對全球的貢獻。

華特‧艾薩克森 Walter Isaacson

▶ 權威傳記作者

● 2011/10/24　賈伯斯傳

賈伯斯生前兩度親自請託、唯一指定傳記執筆人。

哈佛大學哲學及政經碩士。曾任《時代》雜誌執行總編輯、CNN董事長兼執行長，在歐巴馬總統上任後，被指派擔任美國廣播理事會（BBG）主席，亦曾擔任國際非營利組織亞斯本研究院（Aspen Institute）執行長暨總裁，該機構是美國最具影響力的政策研究與教育機構之一。艾薩克森不僅是傑出的記者，更是備受讚譽的傳記作家，曾入選2012年《時代》雜誌百大最具影響力人物，2014年入選人文科學成就的最高榮譽「傑佛遜講座」。著有《賈伯斯傳》《創新者們》《愛因斯坦》《富蘭克林傳》《季辛吉傳》等。

康納曼 Daniel Kahneman

2012/10/31　快思慢想（洪蘭譯）

1934 年生於特拉維夫，柏克萊大學心理學博士。全球暢銷書《快思慢想》的作者、2002 年諾貝爾經濟學獎得主、2013 年獲頒美國總統自由勳章。他是普林斯頓大學尤金・希金斯心理學講座教授，伍德羅威爾森學院公共事務教授，曾榮獲多項獎章，包括美國心理學學會頒贈的心理學終身貢獻獎。

他在心理學上的成就是挑戰判斷與決策的理性模式，被公認為「繼佛洛依德之後，當代最偉大的心理學家」。他的跨領域研究對經濟學、醫學、政治、社會學、社會心理學、認知科學皆具深遠的影響，被譽為「行為經濟學之父」。

2013 年《快思慢想》作者康納曼夫婦（左三左四）訪台並舉行大型論壇，與譯者洪蘭（左二）、朱立倫（右三）、曾志朗（右二）合影

▶ 巴菲特 Warren Buffett
世界上最成功的投資者

● 2008/12/25　雪球：巴菲特傳（艾莉斯‧施洛德著）

　　1930 年出生於美國內布拉斯加州的奧馬哈，是投資家、企業家及慈善家。巴菲特是波克夏‧海瑟威公司的最大股東，董事長及執行長。在 2008 年全球富豪排名第一。

　　巴菲特以長期的價值投資與簡樸生活聞名，他也是著名的慈善家。

　　由於巴菲特投資股票的眼光獨到又奇特，信奉所謂「價值投資法」，投資哪種產業的股票該產業就會走紅，因此巴菲特被眾多投資人尊稱為「股神」。2022 年 5 月，波克夏‧海瑟威公司股東以接近 9 比 1 的比例投票支持巴菲特繼續擔任董事長和首席執行官。

▶ 大衛‧柏恩斯坦 David Bornstein
享譽國際的社會創新作家

● 2006/06/16　志工企業家

　　出生於加拿大魁北克，是一位擅長描寫社會創新的新聞工作者。他的第一本著作《夢想的代價》（The Price of a Dream：The Story of the Grameen Bank）贏得哈立卻平媒體獎（Harry Chapin Media Award），並進入紐約公立圖書館獎傑出報導類決選。《志工企業家》（How to Change the World：Social Entrepreneurs and the Power of New Ideas）以跨國實際案例，說明志工企業家如何推動系統性變革，被《紐約時報》譽為「社企界的聖經」。

　　文章散見於《亞特蘭大月刊》及《紐約時報》，同時他也是 Solutions Newsism Network 的聯合創始人之一。目前與妻子艾碧、兒子伊萊亞定居於紐約。

全球具影響力的新聞報導與評論家

湯馬斯・佛里曼 Thomas L. Friedman

● 2008/10/1　世界又熱、又平、又擠

在全球化時代，站在全球高度上，從龐雜紛歧的全球事務中理出頭緒，為全世界人類帶來全球觀點的第一人，非佛里曼莫屬。

佛里曼因為傑出的新聞報導及評論成就，拿過三座普立茲獎。他在《紐約時報》的專欄文章，同步在全球超過 700 多個媒體上刊登。他的《從貝魯特到耶路撒冷》，被翻譯成二十七種語言，甚至還成為許多中學及大學了解中東議題的教科書。

1999 年出版《了解全球化》（*The Lexus and the Olive Tree*）被翻譯成二十種語言。2005 年出版《世界是平的》被翻譯成三十二種語言，成為全球各地熱議話題，也讓他被《美國新聞與世界報導》選為美國最佳領導人之一。

2008 年出版《世界又熱、又平、又擠》，是影響全世界最重要的探討綠色革命之作。2012 年出版《我們曾經輝煌》，2017 年出版《謝謝你遲到了》，皆享譽國際社會，引發熱烈討論。如今他已是一位具有影響力的意見領袖。於 2017 年獲得星雲真善美傳播獎終身成就獎。

2017 年佛里曼來台接受星雲真善美傳播獎終身成就獎，高希均教授代表星雲大師贈送獎座。

克里斯汀生（歿）Clayton M. Christensen

「破壞式創新」管理大師

● 2012/7/31　你要如何衡量你的人生？

　　1952 年出生於美國猶他州鹽湖城，在楊百翰大學和牛津大學攻讀經濟學並取得碩士，後來又進入哈佛大學商學院攻讀企管碩士及博士學位。1992 年起，在哈佛大學商學院擔任教授，研究與教學興趣主要在技術創新、發展組織能力，以及為新科技發掘新市場。曾任波士頓顧問集團（BCG）顧問，也陸續創立了陶瓷系統工程公司（CPS）和創見研究所（Innosight）等四家公司。五度榮獲「麥肯錫最佳論文獎」，2011 年被 Thinkers 50 選為全球「50 大商業思想家」之一。著作《創新者的兩難》曾被《經濟學人》雜誌譽為六本最重要的財經書籍之一，奠定其管理大師的地位。罹癌後，他對生命有了新一層認識，2012 年出版《你要如何衡量你的人生？》再度暢銷全球。

丹・艾瑞利 Dan Ariely

心理學與行為經濟學專家

● 2008/5/20　誰說人是理性的！

　　美國心理學及行為經濟學教授。起初在特拉維夫大學主修物理和數學，後來轉修心理學與哲學，最後獲得心理學學士學位。他之後還取得了北卡羅來納大學教堂山分校的認知心理學的碩士與博士學位，以及杜克大學的管理博士學位，成為杜克大學心理學與行為經濟學教授，杜克大學進階後見之明中心（Center for Advanced Hindsight）創辦人。論述常見於《紐約時報》《華爾街日報》《華盛頓郵報》《波士頓環球報》等，為《紐約時報》暢銷書作者，著有《誰說人是理性的！》《不理性的力量》《誰說人是誠實的！》《不理性敬上》《動機背後的隱藏邏輯》等書。

► 推動「藍海策略」的學者

金偉燦
W. Chan Kim

、莫伯尼
Renée Mauborgne

● 2005/8/6　藍海策略

金偉燦

歐洲管理學院（INSEAD）策略與國際管理教授，達弗斯（Davos）世界經濟論壇（World Economic Forum）成員。曾任教於密西根大學商學院。其策略及多國企業管理之相關論述散見於《管理期刊學報》《管理科學》《組織科學》《策略管理期刊》《國際商業研究期刊》《史隆管理評論》和《哈佛商業評論》等刊物。同時亦常為《華爾街日報》《歐洲華爾街日報》《金融時報》《紐約時報》及《國際前鋒論壇報》撰文。

莫伯尼

歐洲管理學院傑出研究員，策略與管理教授，也是「達弗斯世界經濟論壇」的研究員。她同時為 ITM 研究公司的董事長，該公司致力於發現與知識經濟有關之想法。許多著作皆與策略與跨國管理有關，發表於《管理期刊學報》《管理科學》《組織科學》《策略管理期刊》《國際商業研究期刊》《史隆管理評論》《哈佛商業評論》及其他刊物。其評論亦可見於《華爾街日報》《紐約時報》及《國際前鋒論壇報》。

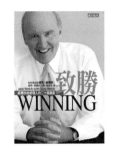

傑克・威爾許 (歿) Jack Welch

二十世紀傑出經理人

⚫ 2005/6/30　致勝

　　傑克・威爾許出生於麻州的愛爾蘭裔天主教家庭。他大學期間是個曲棍球隊員。取得化工學士後，又到伊利諾大學攻讀碩士及博士。1960 年進入奇異公司，1981 年成為奇異第八任執行長。威爾許帶領奇異公司的二十年間，讓奇異的市值暴漲 4 千億美元，躋身全球最有價值的企業之列，成為全球企業追求卓越的楷模。威爾許本人也贏得「世紀經理人」「過去七十五年來最偉大的創新者」「美國企業的標竿人物」等美譽。2001 年從奇異卸任後，造訪全球各地與產學界人士對談。著有自傳《Jack》以及講述其經營理念的《致勝》，皆獲得廣大回響。

布侃南 Mark Buchanan

解析社會秩序的跨學科作家

⚫ 2003/9/15　隱藏的邏輯

　　維吉尼亞大學物理學博士，曾任《自然》期刊及《新科學人》雜誌編輯，專事科學寫作，替英美兩地的報章雜誌寫文章。另著有《改變世界的簡單法則》《連結》。目前住在英國劍橋郡。

　　布侃南的書籍和文章通常探討現代物理學的思想，特別是在量子理論或凝聚態物理學方面，致力於利用物理學中的新概念來理解模組與各種動力學，特別是生物學或人類社會科學領域。研究主題包括自發秩序或自組織在集體、複雜系統中的重要性。旨在將現代科學的技術進步傳遞給廣大的非科技領域受眾，促進激發跨學科的思想交流。

▶ 克里斯·安德森 Chris Anderson
科技趨勢大師、長尾理論發明者

● 2006/10/1　長尾理論

　　網路新經濟趨勢研究者。曾服務於《經濟學人》《自然》《科學》等雜誌，也曾在洛塞勒摩斯國家實驗室擔任研究員。2007 年獲《時代》雜誌選為全球百大最具影響力人士之一。2001 年起擔任《連線》雜誌總編輯，在他的帶領之下，曾獲卓越雜誌首獎。2012 年底，安德森離開《連線》，在 2009 年底與人共同成立了 3D Robotics，主要生產、販售 DIY 無人機的零件，並經營網站 DIY Drones。雖然他們沒有融資、但是第一天就產生收入，成為一家營業額數百萬美元的公司。

▶ 史迪格里茲 Joseph E. Stiglitz
諾貝爾經濟學獎得主

● 2010/6/24　失控的未來

　　畢業於阿默斯特學院，曾在芝加哥大學學習數理經濟學，24 歲跳級獲得麻省理工學院博士，26 歲擔任耶魯大學經濟學正教授。

　　1979 年獲得約翰·貝茨·克拉克獎，2001 年獲得諾貝爾經濟學獎。曾擔任世界銀行資深副總裁與首席經濟師，提出經濟全球化的許多觀點。他曾是柯林頓政府經濟顧問委員會主席，並被《時代雜誌》提名為世界上最有影響力的百人之一。目前任教於哥倫比亞大學，以及智庫羅斯福研究所首席經濟學家。他同時也是《紐約時報》和 Project Syndicate 等媒體的專欄作家。著作包括《不公平的代價》《失控的未來》《全球化的許諾與失落》《大鴻溝》等暢銷著作。

約翰・麥斯威爾 John C. Maxwell

▶ 全球著名領導學專家、演說家及作家

● 2008/6/6　領導的黃金法則

　　麥斯威爾博士是事工裝備（EQUIP）及音久管理顧問公司（INJOY Stewardship Services）創辦人。他的著作榮登《紐約時報》《華爾街日報》及《商業周刊》暢銷書排行榜，個人獲得 Leadershipgurus.net 網站「世界頂尖領導大師」榜首，並入選亞馬遜網站十週年名人紀念館二十五位最具影響力的作者之一。

　　他是全球公認的著名領導學專家、演說家及作家，著作總計銷售量超過一千六百萬冊，主持的機構先後訓練過世界各地兩百多萬個領導人。其每年演講的對象包括《財星》五百大企業、各國政府領袖、以及背景十分多元化的聽眾，諸如美國西點軍校、美式足球國家聯盟及各國駐聯合國大使等。

　　他擅長用深入淺出的故事來帶領讀者反思自我，作品《思考的黃金法則》《領導的黃金法則》皆為天下文化出版。

蔡長海
以創新與執行力辦學的白袍 CEO

● 2005/10/11　改變成功的定義：白袍 CEO 的利他願景學（林靜宜著）

中國醫藥大學暨附設醫院董事長，亞洲大學創辦人。中國醫藥學院醫學系畢業，日本帝京大學醫學博士。領導中國醫藥大學附設醫院晉升為醫學中心，並積極推展社區醫療服務，獲台灣醫療典範獎。為了培養健康管理人才，2001 年創辦台中健康暨管理學院，2005 年升格改名為亞洲大學，連續四年獲教育部獎助為教學卓越學校，並擁有兩座世界級研究中心：菇類研究中心及水稻 T-DNA 研發中心。校園規劃設計榮獲國家卓越建設金質獎，世界首座校園裡的安藤忠雄藝術館已動土興建。

童元方
詩與科學的對話

● 2003/6/10　水流花靜

台灣大學中國文學學士、美國奧立岡大學藝術史碩士、哈佛大學哲學博士。曾任教於哈佛大學、香港東華學院。中文著作有《一樣花開─哈佛十年散記》《水流花靜：科學與詩的對話》，譯作有《愛因斯坦的夢》《情書：愛因斯坦與米列娃》與《風雨絃歌：黃麗松回憶錄》。明代女子曹靜照、馬如玉以及清代女子吳規臣、梁德繩的詩，收在 Women Writers of Traditional China 一書中。

▶ ## 林和
大氣科學與氣候突變的卓越學者

▶ 🌓 2006/3/24　冬日浮骰

出生於上海，三個月後即為紅塵席捲，橫渡黑水溝。國語實小、建國中學、台灣大學大氣科學系畢業，美國麻省理工學院大氣、行星、物理海洋學系博士，美國國家大氣研究中心研究員。

開創天下文化出版社「科學文化」叢書，翻譯《混沌》《誰怕向量微積分》等書。自台大大氣系系主任卸職後，專注於經營季風研究室，研究氣候突變等領域。著有詩集《冬日浮骰》。

▶▶ ## 吉兒·泰勒
Jill Bolte Taylor
開創大腦新視界的神經學家

🌓 2009/2/27　奇蹟

曾經在哈佛大學醫學院從事研究的腦神經學家、美國神經解剖學家。任職於印第安納大學醫學院，身兼哈佛大學「哈佛腦庫」的代言人，以及中西部質子放射治療研究所的神經解剖學顧問。

1996 年 12 月的一天早晨，吉兒的左腦血管突然莫名爆裂，腦溢血產生了嚴重的腦中風。短短四小時內，她透過腦科學家好奇的雙眼，看到腦袋如何一點一滴的喪失處理資訊的能力。但八年後，她奇蹟似的完全復原，雖然她經歷了一段艱辛的復健過程，許多事都要重新學習，但她記錄下整個歷程，並出版為《奇蹟》。也由於她對於中風研究貢獻，獲選2008 年美國《時代》雜誌全球百大影響力人物。

葛文德 Atul Gawande

白宮最年輕的健康政策顧問

⬤ 2003/10/15　一位外科醫師的修煉

著名外科醫師、哈佛醫學院外科教授、非營利組織領導人。哈佛大學公共衛生學院衛生政策管理學系教授、哈佛大學醫學院外科「提爾講座」教授、阿里亞尼醫藥創新中心執行長、非營利組織 Lifebox 的會長。2018 年巴菲特、貝佐斯和摩根總裁戴蒙聯手新創醫療保險機構，選任葛文德擔任執行長，為美國的醫療與健保尋找解方。曾入選 2010 年《時代》雜誌百大最具影響力人物，兩度獲頒美國國家雜誌獎、美國醫療服務研究協會最具影響力獎、麥克阿瑟研究獎、以及路易士・湯瑪斯科學寫作獎等。曾任《紐約客》主筆，著有《凝視死亡》《一位外科醫師的修煉》《清單革命》等書，皆榮登《紐約時報》暢銷書排行榜。

比爾・布萊森 Bill Bryson

當今世上最受喜愛的旅遊暢銷作家

⬤ 2006/9/28　萬物簡史

1951 年生於美國，居住於英、美兩地。英國皇家學會榮譽院士。布萊恩文筆幽默、辛辣，作品類型廣泛，包括旅遊類：《哈！小不列顛》《別跟山過不去》《一腳踩進小美國》《歐洲在發酵》《澳洲烤焦了》；語言類：《布萊森之英語簡史》《布萊森之英文超正點》；科學類：《萬物簡史》。其中《萬物簡史》獲艾凡提斯獎（Aventis Prize）和笛卡兒獎（Descartes Prize），銷售榮登英國十年內非小說類書籍的第一名。

張祖詒
經國總統最信任的文膽鐵筆

◑ 2009/9/25　蔣經國晚年身影

1918 年生，江蘇常熟人，畢業於私立上海法學院。曾任行政院參議、編譯室主任、祕書室主任、副祕書長、總統府副祕書長、國策顧問。1972 年 6 月蔣經國接任行政院長，也是張祖詒開始跟隨蔣經國的起點。一直到 1988 年 1 月蔣經國辭世，張祖詒始終是蔣經國的重要文膽，見證台灣政治與經濟的重大變革。著作《蔣經國晚年身影》《總統與我：政壇奇緣實錄》為張祖詒追憶在蔣經國身邊十六年的日子，在他眼中的蔣經國，是總統，也是一個平凡人；是長官，也是一個工作狂。這些回憶文字不但記錄重要歷史事件，更是重要的史料。

唐飛
國民黨政權轉移的首位閣揆

◑ 2011/8/16　台北和平之春

1932 年生，江蘇太倉人。空軍幼年學校六期，空軍官校飛行科三十二期。空軍指揮參謀學院、三軍大學戰爭學院畢業。空軍一級上將。曾任飛行中隊長、駐美空軍副武官、駐南非武官處上校武官、空軍聯隊長、官校校長、總部政戰部主任、作戰司令部司令、空軍總司令。1998 年任參謀總長，為中華民國行憲後首位到立院備詢的參謀總長。1999 年 2 月任國防部部長，完成《國防法》立法、《國防組織法》與《軍事審判法》等修法工作。2000 年 5 月任行政院院長。卸任後，先後在美國哈佛大學政府學院與史丹佛大學胡佛研究中心擔任訪問學者，並在史大東亞中心講授「台灣政治現況」。2007 年參與成立「台灣前途展望協會」，呼籲中產階級與知識份子關心公職選舉。

錢復
永遠的外交才子

🔵 2005/2/21　錢復回憶錄（卷一卷二）

　　1935 年出生，浙江省杭縣人。國立台灣大學政治系畢業，美國耶魯大學國際關係碩士、國際關係哲學博士。自美學成歸國後，歷任行政院祕書、國立政治大學兼任副教授、外交部北美司司長、國立台灣大學兼任教授、行政院新聞局局長及政府發言人、外交部常務次長及政務次長、北美事務協調委員會駐美代表、行政院政務委員、經濟建設委員會主任委員、中國國民黨中央常務委員、外交部部長、國民大會議長、監察院院長。曾獲首屆十大傑出青年，並先後為陳誠副總統、蔣中正總統擔任外賓傳譯工作。四十餘年公職生涯，錢復歷任政、經、外交要職，對中美外交參與尤深，見證我國在國際舞台求存圖強之血淚史。

曾志朗
科普教育倫理的領航者

🔵 2006/6/30　見人見智（洪蘭合著）

　　美國賓州州立大學心理學博士。曾任教於俄亥俄州立大學、耶魯大學、加州大學柏克萊分校及河濱分校，歷任中正大學社會科學院院長，陽明大學校長，教育部長、中央研究院副院長、行政院政務委員。

　　1990 年回台成立第一個認知科學研究中心，1994 年當選中研院院士，2004 年當選美國心理協會院士。1992 年在《聯合報》發表「科學向前看」專欄，以充滿新奇的想像力引介科學知識，獨創「科學生活化」的寫作風格；後在《科學人》雜誌開設「科學人觀點」專欄，以突破框架的跳躍思考，再樹「科學故事化」的書寫情調，15 年不曾間斷。著有《用心動腦話科學》《人人都是科學人》等書，曾獲金鐘獎教育文化節目共同主持人獎。

黃榮村
學術自由的捍衛者

● 2005/10/20　在槍聲中且歌且走：教育的格局與遠見

國立台灣大學心理學系學士、碩士、博士。曾任哈佛大學訪問學者、卡內基美隆（Carnegie-Mellon）大學與加州大學洛杉磯分校（UCLA）訪問教授、國立台灣大學心理學系所教授及系主任、中央研究社科所合聘研究員、中國心理學會理事長、行政院教改會委員、國立台灣大學教育學程中心主任、行政院國家科學委員會人文及社會科學發展處處長、災後重建民間諮詢團執行長、行政院政務委員、行政院九二一震災災後重建推動委員會執行長、教育部長、淡江大學講座教授、中國醫藥大學校長、遠哲科學教育基金會董事長等，現為考試院院長。著有詩集《當黃昏緩緩落下》。

蔣孝嚴
逆流而上奮鬥有成的蔣家第三代

● 2006/5/3　蔣家門外的孩子

1942 年生於廣西桂林，是蔣經國與章亞若之後，與雙胞胎弟弟蔣孝慈同為蔣家第三代，出生後從母姓。1949 年，隨外婆周錦華來台定居新竹。畢業於新竹中學，東吳大學學士、美國喬治城大學碩士、美國聖約翰大學榮譽法學博士。1968 年進入外交部從科員做起，歷任國民黨海工會主任、外交部部長、僑委會委員長、行政院副院長、國民黨祕書長、總統府祕書長、國大代表、立法委員、國民黨中常委等黨公職。2000 年卸任公職後回到浙江奉化，完成歸宗蔣氏。《蔣家門外的孩子》一書寫作歷時三年。作為蔣家門外的孩子，「其操心也危，其慮患也深」，蔣孝嚴走出一條別於蔣家的路。

▶▶ **陳長文**
實踐「大愛與正義」的華人世界名律師

● 2005/8/25　假設的同情

　　哈佛大學法學博士、碩士、加拿大 UBC 大學法學碩士、台大法律學士。理律法律事務所資深合夥人、財團法人台北歐洲學校董事長、政治大學與東吳大學兼任教授、北京大學光華管理學院財經法專題講座等。是一位長期投入法學教育、法治建設的教育工作者。曾任海峽交流基金會首任祕書長，從事兩岸協商，為兩岸交流破冰；以紅十字會祕書長身分簽署歷史性的兩岸協議——金門協議。他也是一位關心兩岸問題的自由和平主義者。長期擔任紅十字會志工，曾任中華民國紅十字會總會會長，積極投入人道服務、國際援助工作，關心人權議題及弱勢團體權益。著有《愛與正義》《假設的同情》以及《法律人，你為什麼不爭氣？》（羅智強合著）等書。

▶▶ **胡志強**
第一流的政治外交家

● 2007/8/29　淚光奇蹟

　　政大外交系學士、英國南安普頓大學政治系國際關係碩士、英國牛津大學國際關係博士。曾任中山大學副教授、中華戰略學會副秘書長、總統府第一局副局長、總統府新聞秘書、行政院新聞局局長及政府發言人、國民大會代表、駐美代表、外交部長、中央文化傳播委員會主委、國民黨副秘書長、台中市市長等職。曾獲頒最佳政府發言人獎、十大傑出華人獎、美東華人學術聯誼會專業成就獎、英國南安普頓大學榮譽博士等。1998 年獲美國國會通過為受讚揚之駐美代表。

蘇起
提出「九二共識」的見證人

● 2003/12/30　危險邊緣

浙江杭州人，1949年生於台灣台中。曾獲政大外交系學士、美國約翰霍甫金斯大學碩士，哥倫比亞大學碩士及哥倫比亞大學政治學博士。回國後擔任政大外交系所教授、國際關係研究中心副主任多年；在政府內歷經行政院大陸委員會副主任委員、新聞局長、政務委員、總統府副祕書長及陸委會主任委員、國家安全會議祕書長等職。現為台北論壇基金會董事長。

姚仁祿
充滿「大小創意」的創辦人

● 2007/8/31　創意姚言

東海大學建築系畢業。知名設計師，作品廣受國際人士歡迎。23歲創立室內專業設計公司「大仁」，28歲擔任台北室內設計公會理事長。曾任大愛電視台總監、公廣集團華視董事及慈善、人文、藝術、媒體等基金會董事。曾獲頒東海大學傑出校友。2012年榮獲第十七屆中華民國斐陶斐榮譽學會「傑出成就獎」。設計涵蓋金融、科技、零售、工業等全球主要跨國企業。在媒體服務、公共服務和學術服務上均有傑出表現。曾任東海大學建築學系專業教授、國立台北藝術大學講座教授。現為「大小創意」集團創辦人、慈濟人文志業「合心精進長」。

蘇貞昌
任期最長的行政院院長

● 2003/12/15　衝衝衝，蘇貞昌（何榮幸著）

1947年生於屏東，台灣大學法律系畢業。

1979年美麗島事件爆發，蘇貞昌加入美麗島事件辯護律師團，1982年投身選舉，當選第七、八屆省議員，為民主進步黨創黨黨員。曾任立法委員、屏東縣縣長、台北縣縣長、總統府秘書長，並先後擔任陳水扁、蔡英文任內的行政院長，成為總統民選後單一任期及總任期最長的行政院院長。

▶ 連方瑀
優遊文學與生活的女作家

● 2005/8/5　半世紀的相逢

1945年出生於四川重慶。台灣大學植病系學士，美國康乃狄克大學生化碩士。父親方聲恆先生，為知名物理學家，先後任教於美國威斯康辛大學及台灣大學二十餘年。母親汪積賢女士，畢業於南京金陵大學，來台後任教於強恕中學三十餘年，造育英才無數。

1962年，參加第三屆中國小姐選拔，榮膺后冠。1965年9月與國民黨主席連戰結婚，育有二男二女。曾任教於東吳大學中文系，教授現代文學。著有《歐遊雜記》《伊蓮集》《親情》《愛苗生我家》《半世紀的相逢》《與子偕行》。現為「連雅堂文教基金會」及「連震東文教基金會」董事長。

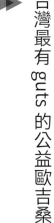

▶ 劉育東

充滿創意、尋找新世代的建築基因

● 2007/1/31　數位建築與東方實驗

　　哈佛大學建築設計博士、麻省理工學院共同博士研究，亞洲大學副校長暨講座教授，交通大學建築研究所創所教授，致力於數位建築設計以及台灣的建築國際合作。除發表設計作品與學術著作外，曾應邀撰寫《中國時報》文化藝術版「明日建築」專欄、《經濟日報》觀點版「創意」專欄、《遠見》雜誌「創意講談」專欄、D-FUN 雜誌「劉育東數位建築」專欄。著有《數位建築與東方實驗》《NEXT GENE 20 國際建築博覽會》《全球在地化—台灣新建築 2000-2005》《顯影數位建築》《數位建築多樣化》《數位建築發展》《為數位建築下定義》《數位建築的浮現》《城市的現實與想像》《建築的涵意》《建築的設計思考》等書。

▶ 楊志良

台灣最有 guts 的公益歐吉桑

● 2011/6/23　拚公義，沒有好走的路

　　1946 生，師大衛生教育系學士、台大公共衛生研究所碩士、美國密西根大學公共衛生博士。

　　個性鮮明，說話率直，勇於面對困難，以實踐社會公義為人生目標，對台灣最大貢獻是規劃、推動全民健保，也監督、改革全民健保。曾是台大公衛所破格任用的最年輕所長，也曾是經營績效佳的醫院管理者，有「台灣最有 guts 的歐吉桑」之譽。著有《拚公義，沒有好走的路》（天下文化出版）。

滿義法師
用文字弘揚星雲大師的人間佛教

⬤ 2005/8/20　星雲模式的人間佛教

高雄縣路竹鄉人，俗姓李。1960 年出生，1986 年佛光山叢林學院畢業，1988 年十二月於美國洛杉磯西來寺受具足戒。法師愛好讀書，擅於文字，前後擔任佛光山《覺世旬刊》《佛光通訊》《佛光世紀》等編輯及佛光山都監院文書、法堂書記室書記多年，忠實記錄大師開示內容，刊載於《佛光世界》《迷悟之間》《星雲法語》《普門學報》等刊物。2000 年 4 月擔任《人間福報》主筆。現任為佛光山傳燈樓人間佛教研究室研究員。

王銘義
《中國時報》總編輯

⬤ 2005/1/20　對話與對抗

1960 年出生於台中大肚山麓的龍井鄉，先後畢業於僑光商專國際貿易科、東海大學政治學系。自 1990 年採訪兩岸新聞以來，堅持站在新聞第一線，穿梭於北京、上海、香港、新加坡，長期追蹤報導、評論兩岸政經新聞動態。曾任《自立晚報》政治組召集人、《中國時報》政治組副主任，兩岸新聞記者聯誼會創會會長、《中國時報》採訪中心副主任，現任《中國時報》總編輯。著有《對話與對抗》《不確定的海峽》《兩岸和談》《馬英九：該出馬時就出馬》《群賢樓裡的咖啡與政治》《一八九五：中國出賣台灣》等。

▶ 羅智強
國民黨新世代政治新星

● 2009/1/16　生命沒有過渡

　　生於花蓮、長於基隆，政治大學外交所博士生、政治大學法學碩士、中山大學企業管理學士。歷任台北市議員、總統府副秘書長、國民黨副秘書長、總統府發言人、輔仁大學大傳系兼任講師等。對新詩、散文、小說、評論文皆有涉獵。著有《琥珀色的夢境》《沉默的魄力》《生命沒有過渡》《走出迷網》《理律‧台灣‧50 年》等，並與陳長文合著《法律人，你為什麼不爭氣》等書。現居桃園龜山。

▶▶ 孫運璿（歿）
台灣經濟推手、永遠的行政院院長

● 2007/2/14　懷念孫運璿

　　1913 年，生於山東省蓬萊縣孫家村。哈爾濱工業大學電機系第一名畢業。是中華民國政治家、技術官員、工程師。曾前後擔任台電總經理、奈及利亞全國電力公司執行長、交通部長、經濟部長、外交部長與行政院長、總統府資政。

　　素有「永遠的行政院院長」之稱，在將近二十年的部長與行政首長的任內，他與總統蔣經國推行十大建設，與李國鼎共同促進新竹科學工業園區的成立，規劃早期中華民國科技政策；許多人認為他不僅是台灣科技產業之主要奠基者，也堪稱是「台灣經濟推手」之一。

釋聖嚴（歿）
法鼓山創辦人

● 2007/1/20　慢行聽禪：殷琪問法・聖嚴解惑（潘煊執筆）

1930 生於江蘇南通，1943 年於狼山出家，後因戰亂投身軍旅，十年後再次披剃出家。曾於高雄美濃閉關六年，隨後留學日本，獲立正大學文學博士學位。1975 年應邀赴美弘法。1989 年創建法鼓山，並於 2005 年開創繼起漢傳禪佛教的「中華禪法鼓宗」。聖嚴法師是一位思想家、作家暨國際知名禪師，曾獲《天下》雜誌遴選為「四百年來台灣最具影響力的五十位人士」之一。著作豐富，中、英、日文著作達百餘種，先後獲頒中山文藝獎、中山學術獎、總統文化獎及社會各界的諸多獎項。聖嚴法師提出「提升人的品質，建設人間淨土」的理念，致力於國際弘化工作。其寬闊胸襟與國際化視野，深獲海內外肯定。2009 年圓寂。

單國璽（歿）
用大愛見證生死的樞機主教

● 2008/9/2　生命告別之旅（林保寶採訪整理）

1923 年 12 月 2 日出生於河南省濮陽縣，1946 年加入耶穌會，1955 年在菲律賓碧瑤晉鐸，1980 年晉升天主教花蓮教區主教，於 1991 年 6 月任天主教高雄教區主教，並多次擔任天主教台灣地區主教團主席。1998 年獲教宗若望保祿二世擢升為樞機，成為台灣地區的第一位樞機，也是華人第五位獲得此榮銜。

2006 年 7 月，單樞機進行體檢時，發現罹患了肺腺癌，受台灣各界關注。在祈禱、分辨後，單樞機進行走遍全台灣的「生命告別之旅—人生思維巡迴講座」，與大家分享他對生老病死的看法及人生意義的思考，同時幫助人更深一層瞭解天主教的信仰，為天主無限大愛的福音作證。於 2012 年 8 月 22 日逝世。

沈君山 _(歿)
一代才子，心留中國、愛留台灣

⬤ 2004/3/30　浮生後記

　　1932 年生於南京，1955 年台大物理系畢業，1957 年赴美，得馬里蘭大學物理學博士後，先後在普林斯頓大學、太空總署、普渡大學擔任研究工作及任教。70 年代受海外保釣運動的愛國思潮影響，辭去在美國的教職，於 1973 年返台，先後擔任清華大學理學院院長、生命科學院籌備主任委員、人文社會學院籌備主任委員，以及行政院政務委員、中研院評議委員、國統會委員、清華大學校長、吳大猷學術基金會董事長、新台灣人基金會榮譽董事長等職。曾獲美國圍棋冠軍、世界橋牌亞軍。著有《浮生後記》《此生泛若不繫舟》《尋津集》《浮生再記》《浮生三記》等書。2009 年中央大學鹿林天文台將發現的小行星正式命名為「沈君山」（Shenchunshan，編號 202605）。於 2018 年病逝於台北馬偕醫院。

德瑞克‧伯克 Derek Bok
美國知名法律學者與哈佛院長

⬤ 2004/6/18　大學何價？

　　美國知名法律學者與教育家，曾任哈佛大學法學院院長，並曾擔任哈佛大學校長長達二十年；曾為哈佛大學三百周年講座教授，以及該校「霍塞非營利組織中心」(the Hauser Center for Nonprofit Organizations) 主席。著作等身，包括與威廉‧伯溫 (William Bowen) 合著的《河形》（*The Shape of River*），以及《政府的問題》（*The Trouble with Government*）等書。

▶▶ 賴瑞・戴蒙
世界知名民主研究學者
Larry Diamond

● 2009/5/15　改變人心的民主精神

就讀史丹福大學，並於 1980 年取得社會學博士學位。為外交政策、國際援助及民主發展領域的著名學者、顧問和作家。曾經擔任范德堡大學社會學助理教授、現任史丹佛大學民主發展與法治中心主任、胡佛研究中心資深研究員，自《民主季刊》（*Journal of Democracy*）在 1990 年創立以來，他就擔任共同主編。目前定居於加州史丹佛。著有《虛擲勝利成果：美國占領伊拉克卻搞砸了促進民主的任務》《發展中的民主：邁向穩固》等書。

▶▶ 約瑟夫・奈伊
「軟實力」外交學說的創見者
Joseph S. Nye, Jr.

● 2011/9/28　權力大未來

生於美國紐澤西州南奧蘭治，1958 年以特優成績從普林斯頓大學畢業，以「羅德學者」的身分，赴英國牛津大學深造。之後在哈佛大學取得博士學位。1964 年在哈佛大學任教，曾任哈佛大學約翰・F・甘迺迪政府學院院長。奈伊除了在學術領域有傑出表現之外，學而優則仕，自 1977 年進入美國政府服務，擔任要職，官至助理國防部長，負責國際安全事務。

奈伊有深厚的學養、完備的經歷，使得他比一般學術人士有更多的實務歷練，比一般官僚有更深的理論素養，都表現在他不輟的著作中，包括《強權者的道德》《權力大未來》（以上為天下文化出版）和《勢必領導》《美國霸權的矛盾與未來》《透視國際衝突》《權力遊戲》等書，以及一百五十多篇論文。

▶ 洪蘭

結合腦科學與生活品德的教育家

● 2004/6/30　歡樂學習，理所當然

　　洪蘭，加州大學河濱校區實驗心理學博士，曾任聖地牙哥沙克生物研究所任研究員、加州大學研究教授。1992年回台，先後在中正大學、陽明大學任教，目前為中央大學認知神經科學研究所講座教授、中原大學暨台北醫學大學講座教授。多年來有感於教育是國家的根本，而閱讀是教育的根本，前後到台灣大大小小超過千所的中小學作推廣閱讀的演講。

　　著作繁多，包含《從大腦看人生》《靜下來，才知道人生要什麼》《什麼才是人生最值得的事》《該怎麼成就你的人生》《進步一點點，人生就會不一樣》《歡樂學習，理所當然》（以上皆為天下文化出版）和《講理就好》等數十本書，並翻譯數十本腦科學及心理學方面的好書，如《快思慢想》《自癒是大腦的本能》《心智拼圖》《天生愛學樣》《教養的迷思》等。曾獲頒吳大猷科學普及著作獎翻譯類金籤獎、東元科技文教基金會特別貢獻獎、遠見雜誌華人領袖終身成就獎等。

吳淡如
暢銷作家、名主持人

● 2008/11/5　每一次相遇都是奇蹟

　　台大法律系學士、台大中文研究所、台大 EMBA 雙碩士。現為知名作家及主持人。吳淡如多才多藝、興趣廣泛，寫作、主持、理財、創業各方面，都有非常好的成績。跳佛朗明哥舞、學攝影、到全世界各地旅行，將生活過得多彩多姿。歷經結婚、生子的人生重要轉折後，吳淡如說：「女人要靠自己幸福，並且帶給別人幸福」。2021 年的 Podcast 節目《吳淡如人生實用商學院》大受歡迎，累積收聽人次已超過 4000 萬人次。

蔡穎卿
帶著孩子實作的教養專家

● 2007/1/19　媽媽是最初的老師

　　1961 年生於台東縣成功鎮，成大中文系畢業。目前專事於生活工作的教學與分享，期待能透過書籍、專欄、部落格及習作與大家共創安靜、穩定的生活，並從中探尋工作與生命成長的美好連結。著有《媽媽是最初的老師》《廚房之歌》《我的工作是母親》《漫步生活—我的女權領悟》《在愛裡相遇》《寫給孩子的工作日記》《Bitbit，我的兔子朋友》《小廚師—我的幸福投資》《我想學會生活：林白夫人給我的禮物》。

許芳宜

揚名國際的瑪莎·葛蘭姆舞團首席舞者

● 2007/12/28　不怕我和世界不一樣
（林蔭庭撰文）

出生於台灣宜蘭。前瑪莎·葛蘭姆舞團（Martha Graham Dance Company）首席舞者，被譽為「美國現代舞之母瑪莎·葛蘭姆的傳人」。傑出的舞蹈生涯獲得許多獎項的肯定，在台灣榮獲「五等景星勳章」，並成為「國家文藝獎」有史以來最年輕的得主。

2011 年成立「許芳宜 & 藝術家」，製作包括：《生身不息》《2×2》《Salute》《創意週》《身體要快樂──城市系列》《祕密種子計劃》。

目前從事表演、創作、電影幕前幕後指導、「身體要快樂」相關教育及推廣。已出版著作：《不怕我和世界不一樣》《我心我行·Salute》，參與電影《逆光飛翔》《刺客聶隱娘》演出。

陳之華

看見更開闊的教養世界觀

● 2011/7/15　美力芬蘭

旅居芬蘭六年，亦曾居住英國、美國、奈及利亞等國多年，旅遊足跡四十餘國。現為自由作家、專欄作者。陳之華的作品：《沒有資優班，珍視每個孩子的芬蘭教育》《每個孩子都是第一名：芬蘭教育給台灣父母的 45 堂必修課》《成就每一個孩子：從芬蘭到台北，陳之華的教育觀察筆記》。部落格《北國風情》曾獲 2007 年全球華文部落格大獎年度最佳「生命記錄」首獎。

楊元寧
體驗哈佛殿堂之美

● 2008/6/30　哈佛心體驗

於哈佛大學大二時出版《哈佛心體驗》，高中母校為美國紐澤西之礦格利學校，畢業時獲頒多項全國性與地方性獎項。曾就讀台北美國學校兩年，期間研讀中國與東方哲學，曾以中英文各出版七本童書，並於多本期刊發表數篇論文。從小受爺爺楊正民與外公王永慶的影響，出身豪門，卻不愛奢華，以幫助社會為使命。在母親王瑞華及父親楊定一的教育下，養成課業興趣均衡發展及熱心公益美德。利用課餘時間於紐約與波士頓擔任平面與秀場模特兒，並曾於哈佛大學學生時裝秀中擔任模特兒與製作人。另亦協助草創各類組織，並積極參與其運作，深信自己必須盡一切所能協助他人。

尤虹文
從哈佛連結世界的台灣出色音樂家

● 2012/6/29　為夢想單飛

台灣高雄人，從小習鋼琴、大提琴，曾連續兩屆獲得全國大提琴冠軍。15歲赴美習大提琴，三年後申請上哈佛大學主修經濟。畢業時獲哈佛大學頒發「極優等經濟殊榮」，也是哈佛大學藝術獎得主，並獲選《哈佛紅報》「傑出十五大藝術畢業生」。同時，她也是茱莉亞音樂院碩士。

現為音樂表演者、教育工作者，以及文字創作者。多次和小提琴天王帕爾曼及華裔大提琴家馬友友合作演出。

謝國城 (歿)
帶領台灣棒球小將走向國際的功臣

⬤ 2011/4/30　打一場生命的好球（瞿欣怡著）

台南人，生於 1912 年，卒於 1980 年 12 月，畢生致力於推展台灣棒球運動，為台灣棒運奠下穩固的根基。

早稻田大學政經系畢業，1935 年進入日本時事新報社，不久至《讀賣新聞》擔任政經記者。1946 年返台後歷任台灣省體育會總幹事、台灣大公企業總經理，及台灣省合作金庫協理、副總經理、常務理事等職。1949 年，台灣省棒球協會成立，由謝東閔出任理事長，謝國城擔任總幹事，開始致力提倡棒球運動。1969 年謝國城曾率領金龍少棒隊赴美參加威廉波特少棒賽奪得冠軍，同年以高票當選立法委員。由於經常率中華民國少年棒球隊、青少年棒球隊、青年棒球隊參加世界大賽，也有「台灣棒球之父」之美譽。

肯・羅賓森 (歿)
國際知名創新教育大師
Sir Ken Robinson

⬤ 2009/6/26　讓天賦自由

國際知名創造力、創新和人類潛能專家，享譽全世界。於英國華威大學擔任教育學教授十二年，也獲得美國和英國多所大學頒發的榮譽學位和獎項。應邀設計政府、企業、教育體系，以及一些重要的文化組織。

他在 TED Talks 發表的演講「學校扼殺了創意嗎？」觀賞次數超過八千萬。據估計已有四億人次觀看這部影片。他的演說充滿熱情，鼓舞人心，善於以幽默勵志的方式傳遞深奧的知識，廣受歡迎。他最具影響力的著作是他的「教育創新五部曲」：《讓創意自由》《讓天賦自由》《發現天賦之旅》《讓天賦發光》《讓孩子飛》等。2003 年英國女王伊莉莎白二世冊封為爵士，表彰他對文化藝術的卓越貢獻。2020 年病逝，享壽 70 歲。

齊邦媛

▶ 大時代的巨流河、文學重要培育者

● 2009/7/7　巨流河

　　1924 年生於遼寧鐵嶺，「七七事變」後隨著東北中山中學的師生，一路由南京，經蕪湖、漢口、桂林、懷遠，逃難至四川，就讀於重慶南開中學。

　　1947 年，武漢大學外文系畢業，經馬廷英介紹，渡海至台灣，受聘為台灣大學外文系助教；1956 年到美國進修、訪問；1961 年至靜宜女子文理學院教美國文學；1969 年創辦中興大學外文系並出任系主任；1970 年開始在台大外文系兼任教授，講授文學院高級英文課程。

　　1988 年從任內退休，受聘為台大榮譽教授。曾任美國聖瑪麗學院、舊金山加州州立大學訪問教授，德國柏林自由大學客座教授。教學、著作，論述嚴謹。作育英才無數，編選、翻譯、出版文學評論多種，對引介西方文學到台灣、將台灣代表性文學作品英譯推介至西方世界有巨大貢獻。

齊邦媛老師寫作《巨流河》的珍貴手稿

蔣勳
書與畫，是生命的修行

● 2006/3/16　破解梵谷

　　福建長樂人，成長於台灣。中國文化大學史學系、藝術研究所畢業，1972 年負笈法國巴黎大學藝術研究所。曾任《雄獅》美術月刊主編、東海大學美術系主任、《聯合文學》社長。長年以文、以畫闡釋生活之美與生命之好，深入淺出引領人們進入美的殿堂，並多次舉辦畫展，深獲各界好評。著有散文《歲月靜好》《雲淡風清》《此生》《島嶼獨白》《少年台灣》等；藝術論述《破解米開朗基羅》《破解梵谷》《美的沉思》《齊白石》《黃公望：富春山居圖卷》《張擇端：清明上河圖》等；詩作《少年中國》《母親》《多情應笑我》《祝福》《眼前即是如畫的江山》等；小說《新傳說》《情不自禁》《寫給 Ly's M》；有聲書《孤獨六講有聲書》；畫冊《池上印象》等。

劉若瑀
優人神鼓創辦人

● 2011/8/31　劉若瑀的三十六堂表演課

　　1980 年代初為蘭陵劇坊主要演員。1984 年畢業於美國紐約大學劇場藝術研究所，同年獲波蘭劇場大師果托夫斯基遴選，接受為期一年的專業訓練，啟發了她對生命本質的探尋之旅。返國後，決定從東方文化內在的精神出發，1988 年創立「優人神鼓」（前身為「優劇場」），將擊鼓、靜坐與武術融入創作中，開創劇團新的風貌。她廣闊地運用音樂、戲劇、文學、舞蹈、祭儀等素材，持續創作，不斷獲邀參加國際重要藝術節表演，呈現台灣優質劇場表演藝術，獲國際藝壇高度重視。榮獲 2008 年國家文藝獎殊榮。現為台北表演藝術中心董事長。

► **楊照**
文學評論家、知名作家

● 2011/1/17　想樂

　　本名李明駿，台灣大學歷史系畢業，美國哈佛大學博士候選人。曾任《明日報》總主筆、遠流出版公司編輯部製作總監、台北藝術大學兼任講師、《新新聞》週報總編輯、總主筆、副社長等職；現為「新匯流基金會」董事長，News98電台「一點照新聞」、BRAVO FM91.3電台「閱讀音樂」、公共電視「人間相對論」節目主持人，並固定在「誠品講堂」「敏隆講堂」「趨勢講堂」及「93巷人文空間」開設長期課程。著作豐富多元，包括小說《大愛》《暗巷迷夜》，散文《迷路的詩》《誰說青春留不住》等，文化評論《臨界點上的思索》《想樂：發掘五〇首古典音樂的恆久光彩》《想樂第二輯：聆聽五〇首古典音樂的悠揚樂思》和現代經典細讀系列等。

► **王偉忠**
台灣影視媒體娛樂開拓者

● 2007/6/13　歡迎大家收看

　　台灣電視節目製作人、經紀人，畢業於中國文化大學新聞學系。自大學時期即進入電視台打工，廿四歲成為節目製作人，歷經電視台副總經理、國際唱片公司副總經理、電台創辦人等工作後，再回到電視製作。現任金星娛樂總經理、金星文創總經理。1980年代起製作或監製節目包括綜藝節目《連環泡》《週末派》《2100全民亂講》《全民大悶鍋》《康熙來了》《超級星光大道》《舞林大道》等；戲劇節目《住左邊，住右邊》《光陰的故事》；2008年與賴聲川導演合作眷村舞台劇《寶島一村》巡演超過80場，場場爆滿，創下當時劇場界紀錄。繼《寶島一村》成功掀起眷村熱潮後，以最拿手的諷刺幽默打造舞台劇團「全民大劇團」，以製作黑色喜劇為主要風格亦大受歡迎。

葉怡蘭
飲食旅遊作家、飲食觀察家

⬤ 2012/8/30　好日好旅行

出生於台南。相信真正的「享樂」，不是短暫的炫惑聲色之娛，也不是一味金錢或地位的堆積；而是須得認真涉獵、深度累積，方能從心靈到視覺、聽覺、嗅覺、味覺、觸覺，都真切長久地感到喜悅與歡愉。

她也是《Yilan 美食生活玩家》網站創辦人，怡然生活股份有限公司創意出版部總編輯，並開設「PEKOE 食品雜貨鋪」，不定期開設各種飲食、旅遊、生活美學課程。2013年獲頒全球威士忌界最高榮耀「蘇格蘭雙耳小酒杯執持者 The Keepers of The Quaich」。著有《好日好旅行》《食・本味：葉怡蘭的飲食追尋錄》《隱居・在旅館》《極致之味》《果然好吃》等書。2007 年與 Discovery 旅遊生活頻道合作拍攝《生活采風：葉怡蘭篇》短片，並入圍該年電視金鐘獎「頻道廣告獎」。

陳之藩（歿）
擁抱人文關懷的科學家與文學家

⬤ 2003/8/5　散步

北洋大學電機系學士，美國賓夕法尼亞大學科學碩士，英國劍橋大學哲學博士。曾任美國普林斯頓大學副研究員，休士頓大學教授，香港中文大學講座教授，波士頓大學研究教授等。

年輕時即是胡適的忘年小友，梁實秋的暢談夥伴。除了科技領域的一片天，他始終在心裡為文學保留著一席之地。著有電機工程論文百篇，散文集《大學時代給胡適的信》《蔚藍的天》《旅美小簡》《在春風裡》《劍河倒影》《一星如月》《散步》等；作品多篇選入台灣和香港的中學教科書，對青年學子產生極大的影響力。

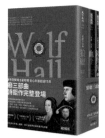

希拉蕊・曼特爾 Hilary Mantel

▶ 唯一兩度獲得曼布克文學獎的女性作家

● 2010/6/24 狼廳

　　1952 年生於德比郡，曾於倫敦政經學院、雪菲德大學攻讀法學。1987 年，曼特爾以一篇描寫吉達（紅海沿岸城市）的文章榮獲「奈波爾紀念獎」。兩年後，再以英國北方磨坊小鎮為故事背景的小說《佛洛德》（Fludd）贏得溫尼弗雷德・霍爾比紀念獎、「契爾特納姆」文學藝術獎和英國南部文學獎。2009 年出版《狼廳》，榮獲曼布克文學獎與全美書評人大獎；2012 年出版《狼廳二部曲：血季》，再次奪得曼布克文學獎，成為史上唯一兩度奪獎的女性作家。《狼廳三部曲》是史上最暢銷的歷史小說，英國 BBC 已改編為影集，於 2015 年上映。

2012 年為天下文化三十週年，創辦人高希均以《思索前進三十年》一書和大家分享閱讀的喜悅與收穫。

2013 ———→ 2022

做對的事，
美好的閱讀經驗
無可取代

2020 年 12 月 28 日，知識跨年誓師大會後，工作同仁於事業群北樓大合照

2013

2013

▶ 出版台大 EMBA 郭瑞祥教授暢銷之作《勇敢做唯一的自己》

▶ 出版麥爾荀伯格的暢銷書《大數據》，開台灣書市大數據相關書籍先河

▶ 出版《郝柏村解讀蔣公日記》解讀與還原歷史真相

2013 年 7 月，前郝柏村院長應香港城市大學之邀，訪港並進行演講，與王力行發行人對談《郝柏村解讀蔣公日記》相關議題

▶ 康納曼訪台並舉行論壇

2014

▶ 出版耶路撒冷希伯來大學歷史系教授哈拉瑞的《人類大歷史》，獲吳大猷科普及著作翻譯類金籤獎，長期盤踞各大書店銷售排行榜，既叫好又叫座

▶ 出版謝哲青《走在夢想的路上》，旅行勵志的新世代書寫

2015

▶ 出版創新工場李開復《我修的死亡學分》

▶ 出版 LINE 前 CEO 森川亮《簡單思考》

▶ 出版亞馬遜總榜第 1 名暢銷書《如果這樣，會怎樣？》，長居國內各大連鎖書店科普暢銷書

▶ 余秋雨先生來台演講，談天下文化出版的《君子之道》《極品美學》。大師文風，再度風靡全台

2016

▶ 《人類大歷史》作者哈拉瑞於四月來台演講，帶動一波新書銷售。

▶ 出版《行願半世紀》《隨師行腳》，記錄慈濟——台灣最大的非營利慈善組織——五十年的腳步行履

2017

▶ 成立「50+ 好好」新媒體，為台灣第一個專注於「五十世代」的生活風格社群，臉書粉絲團成立一個月，粉絲人數即突破二萬人，廣受各界矚目。截至 2022 年 7 月，追蹤人數逾 27 萬人

2022

初心不忘

▶ 出版《謝謝你遲到了》《人類大命運》《在世界地圖上找到自己》三本暢銷書，並陸續舉辦大型新書論壇，邀請作者佛里曼、嚴長壽登台演講

嚴長壽的演講曾創下天下文化單場參與人數 4 千人的紀錄

▶ 出版誠品書店創辦人吳清友策劃的新書《誠品時光》

▶ 舉辦天下文化三十五週年活動：「閱讀仲夏夜」週年茶會等活動，為出版界注入閱讀新活力

2017 年天下文化三十五週年紀念茶會，左起三位創辦人張作錦、高希均和王力行同聚一堂

2018

▶ 於上海舉辦第一屆「遠見文化高峰會」，並在上海金山創立「遠見人文生活」，傳播閱讀的美好

第一屆上海「遠見文化高峰會」以「文化新傳承，創意新境界」為主題

▶ 出版李開復《AI 新世界》，獲《經濟學人》年度好書推薦

▶ 張曼娟《我輩中人》與哈拉瑞新書《21世紀的 21 堂課》同時獲選「金石堂年度十大影響力好書」，叫好叫座

▶ 《張沅生死書》《生來破碎》套書獲第十四屆金蝶獎之榮譽獎

2019

▶ 出版約翰‧漢尼斯的《這一生，你想留下什麼？》獲選「金石堂年度十大影響力好書」

▶ 《OKR：做最重要的事》引進矽谷最尖端的企業績效評估方式，引領台灣 OKR 熱潮

▶ 出版史蒂芬‧霍金的遺作《霍金大見解》，提出人類的十個終極大哉問

▶ 出版誠品書店創辦人吳清友先生的個人傳記《之間》

2013

▶ 出版哈佛榮譽教授暨東亞大師傅高義生前最後巨作《中國與日本》，並於 2020 年在遠見高峰會的「國際大師·台灣連線」中，透過現場視訊談「美國大選與世界新局」

2022

初 心 不 忘

2020

▶ 獲第十屆吳大猷科普獎推薦：《與達爾文共進晚餐》獲翻譯類銀籤獎；《人類這個不良品》《為什麼要睡覺？》獲翻譯類銀籤獎佳作

▶ 《零錯誤》《成功，就是要快速砍掉重練》《最強創意思考課》獲年度金書獎

▶ 繼《習近平與新中國》後，接連出版哈佛國際關係巨擘奈伊的《強權者的道德》和地緣政治大師暨新加坡前駐聯合國大使馬凱碩的《中國贏了嗎？》，長期關注美中台三方政經最新動態

▶ 出版記錄史上第一張黑洞照片誕生過程的《黑洞捕手》，並榮獲次年第 45 屆金鼎獎非文學圖書獎

2021

▶ 於世界閱讀日前夕邀請嚴長壽、侯友宜、洪蘭等 12 位重磅講者與優人神鼓，打造全台首創知識盛典，與超過一千四百名觀眾一同樂在閱讀

在世界閱讀日前夕的知識盛典上，與讀者一起領略閱讀之美

▶ 出版康納曼最新力作《雜訊》、策略大師哈默爾《人本體制》和全球大數據專家麥爾荀伯格新作《造局者》，引入全球最前端的思潮

▶ 出版亞東醫院《疫無反顧》，記錄醫護人員在第一線對抗病毒、守護抗疫過程的感人時刻

2021 年《疫無反顧》新書發表會中與亞東醫院醫護們合影

▶出版 AIT 前理事主席卜睿哲新書
《艱難的抉擇》

▶德國總理梅克爾卸任前夕,搶先全
球出版《梅克爾傳:一場卓越的史
詩之旅》中文版,各界回響熱烈

▶電子書成績斐然,除勇奪博客來年
度百大出版社榜首,在 Readmoo
百大電子書排名、暢銷榜和出版社
進榜數量方面亦獲第一,銷售金額
則連續四年蟬聯 Readmoo 冠軍

2022

▶出版晶華集團董事長潘思亮首部真
摯之作《晶華菁華》,分享企業轉
型的經營管理哲學

▶出版台灣第一位登上《富比士》封
面的企業家吳敏求傳記《吳敏求傳》

▶出版奧運金牌國手郭婞淳的勵志書
《郭婞淳:舉重若輕的婞念》

2022 年,奧運金牌國手郭婞淳在 93 巷人文
空間分享獲得金牌的心情與喜悅

▶出版《輝瑞登月任務》《疫苗商戰》《疫
苗先鋒》《光速計畫》等疫苗四書,
見證人類面對疫情危機的韌性與創新
爆發力,傳遞「生命優先、堅持信念」
的精神

2022 年天下文化與國際同步推出四本重量級新
冠疫苗著作,並舉辦了「借鏡國際新冠疫苗——
台灣生醫創新願景高峰論壇」,邀集產官學研界
專家,共同盤點台灣生醫產業發展優勢。

▶出版《OKR 實現淨零排放的行動計
畫》,關注氣候暖化帶來的 ESG 議題,
為企業提供明晰的指引

▶舉辦天下文化四十週年活動,廣邀各
界回顧天下文化出版過的好書,重溫
熱愛閱讀與學習的初心

吳敏求

台灣首位躍登《富比士》封面的企業家

⚫ 2022/05/20　吳敏求傳（楊倩蓉著）

　　美國史丹佛大學材料科學工程碩士。1989年創辦旺宏電子，現為旺宏電子董事長暨執行長。1989年，帶領數十位科技人士由矽谷返台創業，扭轉當時高科技人才流向海外的風氣，1995年，促使政府成立以高科技產業為投資標的「第三類股」。創業之初，吳敏求即堅持自主研發，如今旺宏在唯讀記憶體上已是全球第一大企業。他是台灣首位躍登《富比士》封面人物的企業家，曾獲《Electronic Business Asia》「亞洲最佳經理人」、美國電子買家新聞「全球25位創新企業總裁」、台灣電子材料與元件協會「傑出貢獻獎」、入選美國《商業週刊》「亞洲之星」之五十大企業家，以及清華大學、成功大學、交通大學三校名譽博士和工研院院士，2022年更榮獲國家最高榮譽第五屆總統創新獎。

周俊吉

實踐「信義」集團的君子創辦人

⚫ 2016/4/27　還可以更努力

　　信義房屋董事長。文化大學法律系，政治大學企家班畢。1981年僅28歲的周俊吉因看不慣業界對購屋者的欺騙蒙蔽，因此成立「信義代書事務所」。1987年更名為「信義房屋」。棄法從商的他，原是以消除不動產糾紛為己任，沒想到竟然意外無心插柳、柳成蔭，造就了今日橫跨台灣、中國大陸、日本，甚至是全球代銷的不動產業務；同時更將服務的領域延伸至其他房地產相關產業。可說將華人特色的商業模式發展至極致。

▶ 林敏雄
低調樸實、互利共好的企業家

● 2018/12/24　全聯：不平凡的日常（謝其濬著）

　　光復初期出生於台北縣林口，隨父母舉家遷居到三重，台北商專夜間部畢業後，在台北區合會（台北企銀前身）工作，1970 年代台灣經濟起飛，26 歲的林敏雄與和友人集資成立元利建設，在房產市場耕耘有成。1998 年接手原為軍公教福利中心的全聯社，轉為民營。

　　從父母身上，林敏雄學習到「做人度量要大、待人要講情分、凡事要懂得照顧別人」，這讓他以「低價」「微利」的理念來經營全聯。如今事業版圖橫跨房地產、金融和零售通路三大領域，互利共好的「雙贏」理念，創造了他個人、全聯，以及全台灣民眾與社會的「多贏」。由於他在台灣零售業創下的奇蹟，2018 年在「華人領袖遠見高峰會」獲頒「傑出領袖獎」。

▶ 潘思亮
在危機中逆勢成長的華人企業家

● 2022/05/31　晶華菁華（林靜宜著）

　　15 歲赴美求學，27 歲回台接掌晶華酒店。綽號「老外」的潘思亮一派美式作風，在危亂中接掌晶華，不論是 SARS、金融風暴、兩岸觀光急凍到近年新冠疫情，晶華都在他掌舵下安然度過，持續在逆勢發掘商機曙光。從危機中茁壯的潘思亮，多次帶領晶華國際酒店集團在逆勢成長：包括 2003 年 SARS 疫情爆發期間收購台灣達美樂披薩、2008 年金融海嘯之際，一次收購七間陷入財務困境的酒店品牌和經營權。如今晶華國際酒店集團更宣布與洲際飯店集團合作，攜手在全球重新打造麗晶品牌。預計於 2025 年推出名為 Silks X 的晶華新品牌，並以城市度假酒店為定位，專為後疫情時代的旅行者量身打造。

郭瑞祥
教管理、更教人生經營

 2013/4/2　勇敢做唯一的自己

1961 年出生於台北，台灣大學土木系學士畢業，取得麻省理工學院土木工程碩士、機械工程博士後進入美國國家半導體公司，擔任研究發展中心資深製程工程師，並在職進修取得加州州立大學聖荷西分校企業管理碩士。返國後於台大工商管理學系暨商研所任教。曾擔任台大工商管理學系暨商研所系主任與所長、台大進修推廣部主任、台大管理學院院長，2018 年同時兼任台大副校長，現為台大創創中心主任。

郭瑞祥認為除了知識的傳遞，人生智慧與經驗的傳承更為重要。在台大開設結合管理與人生的專題類課程，推出後大受歡迎，並獲頒每年僅 1％的老師能獲得的台大教學傑出獎，也被學校評選為第一屆優良導師。

郭位
著名的學者與國際安全可靠度專家

2013/5/22　核電關鍵報告

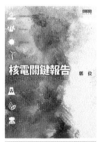

1951 年生於台北，成長於中南部，為美國國家工程院院士、台灣中央研究院院士及中國工程院外籍院士。他是電子早衰期研究的先驅，在電子產品及系統與核能的可靠度研究方面及學術貢獻廣受認同，所寫作的幾部學術專書，更是可靠性研究的經典著作，獲頒 IEEE 可靠度終身成就獎，是過去 50 年內首位獲此殊榮的華人學者。

現為香港城市大學校長。曾任教於台大、清大、交大榮譽講座，北京清華大學運籌學講座，並曾任職美國能源部國家實驗室高級管理團隊、田納西大學工學院院長，工業（及生物醫學）工程系系主任等。

▶ 楊應超
外商首席分析師

◐ 2019/10/24　財務自由的人生

1967 年生，普渡大學電機工程學士及碩士、哥倫比亞大學電機工程博士班、芝加哥大學工商管理碩士。以 5 年時間，從一個外資投行菜鳥分析師迅速晉升為花旗環球擔任董事總經理、亞太區投資研究首席分析師。2008 年至香港主板上市公司大洋集團及陸商聯創集團擔任財務長。2010 年重返投資銀行，再被專業投資者票選為亞洲科技硬體分析師第一名，2016 年退休，過著「應為當為，超然自得」的生活。曾獲《機構投資者》《金融時報》評等為第一名分析師、《亞元雜誌》評選為亞太區上游半導體、下游硬體製造分析師雙料亞軍、《亞元雜誌》《機構投資者》亞洲科技硬體分析師第一名。

▶ 楊紀華
讓台灣美食飄香國際

◐ 2014/7/31　鼎泰豐，有溫度的完美
　　　　　　　　（林靜宜著）

1956 年生於台北市，畢業於淡水工商企管科，現任鼎泰豐董事長。雙親楊秉彝和賴盆妹原本是從營售食用油起家，後來轉型做港點，楊紀華從父親傳承「鼎泰豐」這個品牌後，秉持始終如一的信念，持續帶領家族品牌樹立新標竿，讓一家小籠包店成為《紐約時報》評選的全球十大特色餐廳，從台北街頭的排隊店到國際知名餐飲品牌，鼎泰豐自 1996 年赴日本新宿展店開始，布局全球品牌十八年，擄獲無數消費者的心。《鼎泰豐，有溫度的完美》（林靜宜著）一書記錄了楊紀華如何帶領員工脫穎而出，走上品牌的精進之路。

謝孟恭
知名 Podcaster、理財專家

⬤ 2021/4/20　灰階思考

　　知名 Podcaster。2020 年 2 月起開設並主持 Podcast 節目「股癌」，談論投資理財與股市分析，外號「主委」。節目開播數週內即成為台灣 Podcast 各平台總排行榜第一名。

　　輔仁大學法律學系畢業後，曾受訓為威航航空公司培訓機師，公司倒閉後從商，經營小生意。一度試圖經營 YouTube 頻道，但節目僅製作五集便草草收尾。2020 年 2 月從義大利返台在家自主隔離期間，開始錄製 Podcast。在天下文化出版其第一本書《灰階思考》，推出後單月內銷量即超過一萬本。

林毅夫
華人世界的著名經濟學家

⬤ 2013/4/25　失序的貨幣

　　北京大學國家發展研究院教授、名譽院長。1994 年創立北京大學中國經濟研究中心（現北京大學國家發展研究院），並擔任主任一職。2008 年接任世界銀行首席經濟學家暨高級副總裁，為世界銀行首位華人高級副總裁。2012 年世界銀行任期屆滿，返回北京，繼續教學研究工作。現任中國全國人大代表、全國工商業聯合會副主席亦為，全球多個發展政策、農業、減貧的委員會成員。

　　1986 年獲得芝加哥大學經濟學博士學位，榮膺英國科學院外籍院士，並獲得法國奧佛涅大學、英國諾丁漢大學、香港城市大學、英國倫敦經濟學院和香港科技大學的榮譽博士學位。

▶ ## 吳曉波
中國著名財經作家

● 2017/7/3　騰訊傳：中國互聯網公司進化論

浙江寧波人，中國財經作家。畢業於復旦大學新聞系，曾擔任哈佛大學訪問學者，長年對中國企業史與公司個案有深入研究，是中國企業個案研究先驅，現任職於《東方早報》，亦為吳曉波頻道、藍獅子出版創辦人。著有《大敗局》I 和 II、《激盪十年》《跌蕩百年》《浩蕩兩千年》《歷代經濟變革得失》等深獲好評之財經書，著作曾兩次入選《亞洲週刊》年度圖書。

▶ ## 馬雲
阿里巴巴創辦人

● 2017/6/29　馬雲：未來已來

生於浙江杭州，中國大陸企業家。曾為亞洲首富、阿里巴巴集團董事局主席，他是淘寶網、支付寶的創始人，大自然保護協會中國理事會主席兼全球董事會成員，華誼兄弟董事。

1999 年創辦阿里巴巴網站，開拓電子商務應用。2003 年成立淘寶網，2004 年創立電子支付平台支付寶，阿里巴巴曾是全球領先的 B2B 網站。2013 年宣布卸任阿里巴巴集團行政總裁一職，2020 年卸任阿里巴巴集團董事。曾捐贈 1 億元人民幣給母校，設立「杭州師範大學馬雲教育基金」用於資助教育研究與教育創新。2015 年與馬化騰等人聯合發起成立公益機構「桃花源生態保護基金會」，從事環保公益事業。

馬玉山（歿）
以德創業的好學企業家典範

● 2015/7/17　築冠以德（李翠卿採訪整理）

1936 年生於山東平度。幼年時期適逢中日戰爭，少年時期，又遭遇國共內戰，被迫離鄉背井，於一九五〇年隨部隊來台。在台灣接受陸軍官校教育，並取得淡江大學工商管理學系學士學位、台大 EMBA 學位。

進入工商界以前，曾任軍職與公職。1979 年，正式創立「冠漢實業」。初期以買賣建材為主，後轉型為建設公司，並更名為「冠德建設」。

冠德建設以正派經營、卓越品質立足於建築業。除了堅持建設品質，還提出獨步業界的「永久售後服務」，原工務部後來獨立出去，成立「根基營造」。2002 年，更跨足服務業，成立環球購物中心。

馬玉山非常好學，酷愛閱讀，對提升社會人文氣息深懷使命感，2014 年，成立「冠德玉山教育基金會」，以推廣閱讀與建築教育為宗旨，期盼能盡企業社會責任，讓他鍾愛的第二個故鄉——台灣，成為更優雅有禮的美好地方。

2015 年馬玉山出席《築冠以德》新書發表會，暢談其長年推廣閱讀的心得。

▶

麥爾荀伯格

全球公認大數據權威

Viktor Mayer-Schönberger

● 2013/5/30　大數據（庫基耶合著）

　　牛津大學牛津大學網路研究院（Oxford Internet Institute）網路監督及管理學教授，哈佛甘迺迪學院貝爾法科學與國際事務中心研究員。研究領域集中於網路經濟（Network economy）。

　　於哈佛大學約翰甘迺迪政府學院教授長達十年，並擔任微軟、世界經濟論壇等大公司和組織的顧問，是大數據（巨量資料）領域公認的權威，寫過上百篇專論以及九本書，其中《大數據：隱私篇》一書獲得 2010 年馬歇爾·麥克盧漢傑出著作獎，以及唐·K·普萊斯獎科技政治類最佳書籍。曾於 2014、2015 和 2018 三度訪台，最新著作包括《造局者》《資料煉金術》等。

2014 年 9 月，麥爾荀伯格應天下文化之邀首度訪台，分享大數據的最新觀點。（遠見提供，張智傑攝）

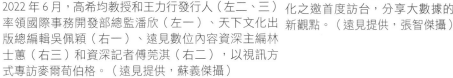

2022 年 6 月，高希均教授和王力行發行人（左二、三）率領國際事務開發部總監潘欣（左一）、天下文化出版總編輯吳佩穎（右一）、遠見數位內容資深主編林士蕙（右三）和資深記者傅莞淇（右二），以視訊方式專訪麥爾荀伯格。（遠見提供，蘇義傑攝）

傑佛瑞・薩克斯 Jeffrey D. Sachs

▶ 唐獎永續發展獎得主、懷抱人道關懷的經濟學家

● 2015/6/29　文明的代價（廖月娟譯）

早慧的天才型經濟學家，經濟學界的傳奇人物，當代發展經濟學的泰斗。28 歲時即獲聘為哈佛終身職教授，是哈佛史上最年輕的經濟學教授之一，現為哥倫比亞大學永續發展中心主任、聯合國永續發展解決方案網路（SDNS）主席。

薩克斯具備深厚的人道關懷與強烈的使命感，貧窮問題與永續發展是他深切關注的經濟主題。他從醫生妻子的工作得到靈感，自創「臨床經濟學」，認為經濟學家解決經濟問題，應該像醫生問診般，在第一線觀察現象，抽絲剝繭，才能探究問題真正的根源，尋求長遠的解決之道。

因此，他的經濟研究不是寄託於學術的象牙塔，而是親自深入世界最混亂而困頓的角落，與各國政府及國際組織合作，解決錯綜複雜的政治、社會及經濟問題。他至今已診斷過數十個經濟體，從而奠定崇高聲譽及地位。

這位 U2 合唱團主唱波諾（Bono）盛讚的「人民的經濟學家」，曾兩度獲選為《時代》雜誌全球百大影響力人物。

他除了是巴黎氣候協定的推手外，所帶領完成的「深度減碳路徑報告書」對全球減碳貢獻良多，2022 年獲頒第五屆唐獎的「永續發展獎」。

約翰·漢尼斯（歿）John L. Hennessy

矽谷教父、史丹佛大學校長

🌓 2018/11/29　這一生，你想留下什麼？

Google 母公司 Alphabet 董事長、思科（Cisco）及戈登與貝蒂·摩爾基金會（Gordon and Betty Moore Foundation）董事會成員、奈特－漢尼斯學者獎學金計畫（Knight-Hennessy Scholars）創始主任，這項計畫獲得的捐贈金額，為世界之最。

曾任史丹佛大學第十任校長，公認表現傑出，也是電腦科學家，創立美普思科技公司（MIPS Technologies, Inc.）及創銳訊公司（Atheros Communications），於 2017 年與大衛·帕特森（Dave Patterson）共同榮獲計算機科學領域的最高榮譽圖靈獎。

杜維克博士 Carol S. Dweck, Ph.D.

頂尖學者、史丹佛大學心理學教授

🌓 2017/3/30　心態致勝

史丹佛大學心理學教授，美國人文與科學院院士，被廣泛視為性格、社會心理學及發展心理學等領域全球最頂尖的研究學者之一。

杜維克的研究廣受《時代》雜誌、《O》雜誌、《紐約客》雜誌、《當代心理學》（Psychology Today）雜誌、《紐約時報》《華盛頓郵報》《波士頓環球報》等重要學術與大眾報章雜誌報導，她也上過「今日秀」（The Today Show）和「20／20」等全美知名電視節目。

泰普史考特 Don Tapscott

▶ 數位經濟先驅

🌓 2017/5/31　區塊鏈革命（亞力士‧泰普史考特合著）

專門研究商業戰略、組織轉型以及技術在商業和社會中的作用。是其母校特倫特大學 (Trent University) 的前任校長，現任歐洲工商管理學院（ INSEAD ）商學院技術與運營管理兼職教，並獲頒加拿大勳章。

現任 Tapscott 集團的執行長，也是區塊鏈研究院的聯合創始人兼執行主席。

他也是多本暢銷書《維基經濟學》《打造維基型組織》《數位化經濟時代》的作者。曾入選為全球「50 大商業思想家」之一。

馬斯克 Elon Musk

▶▶ 從特斯拉到太空探索的大夢想家

🌓 2015/9/25　鋼鐵人馬斯克（艾胥黎‧范思著）

企業家、商業大亨、美國工程院院士。SpaceX 創始人、董事長、執行長、首席工程師；特斯拉投資人、執行長、產品設計師；The Boring Company 創始人；Neuralink、OpenAI 聯合創始人。2021 年 9 月，馬斯克以 2,700 億美元財富成為全球首富。

他曾兩度被自己一手創立的公司踢出門，其中之一是啟動線上支付革命的 PayPal，如今他已蛻變成為全球百大影響力人物、科技界的超級偶像。他的 Tesla 排名超越 Google、蘋果，名列全球最聰明企業；SpaceX 是史上第一家為國際太空站運輸物資的私人航太公司。

他跨領域挑起五大尖端產業的革命，從商用太空、全電動車、超級高鐵、家用電池到腦機一體，每個歷程都非常棘手，每次突破都讓全球驚豔。

約翰・杜爾 John Doerr
OKR 傳教士、傳奇創投家

▶▶ 2019/1/29　OKR：做最重要的事

工程師、創業投資經理人、創投公司凱鵬華盈（Kleiner Perkins）董事長，過去四十年來，他以獨到的眼光、樂觀的態度投身創投業界，幫助新創企業打造大膽的團隊及破壞性的公司。身為 Google 與亞馬遜的第一代投資人與公司董事，杜爾參與造就超過百萬個就業機會。從 2006 年開始，他投資零排放技術，是矽谷潔淨科技趨勢先驅。杜爾也與社會企業家合作，共同解決氣候、公共衛生以及教育領域的系統性問題。著有《OKR：做最重要的事》《OKR 實現淨零排放的行動計畫》。

安德魯・麥克費 Andrew McAfee
數位趨勢頂尖思想家

▶▶ 2017/12/26　機器，平台，群眾（艾瑞克・布林優夫森合著）

麻省理工學院數位經濟研究中心共同主任，麻省理工學院史隆管理學院首席研究科學家，專長於研究資訊科技對經濟、商界及企業的影響，以及電腦化如何影響競爭、社會、經濟及勞動市場。

麥克費自哈佛大學取得商管博士學位，自麻省理工學院取得兩個學士學位及兩個碩士學位，曾任教於哈佛商學院。著作包括《企業 2.0》，以及與布林優夫森合著的《與機器競賽》《第二次機器時代》，另有論述常見於《哈佛商業評論》《經濟學人》《華爾街日報》《紐約時報》等，獲評為數位趨勢頂尖思想家之列。

亞歷克・羅斯 Alec Ross
美國著名創新領域專家

2016/5/27　未來產業

　　曾任美國國務卿希拉蕊・柯林頓的資深創新顧問四年，在外交領域上充分發揮科技與創新的潛能。在國務院任職期間，羅斯在網路安全、網路自由、災難應變及衝突區域的網路應用等議題上扮演外交先鋒，貢獻良多，並榮獲國務院傑出榮譽獎。

　　2000年，羅斯共同創辦以科技為核心的非營利組織 One Economy，這個在地下室成立的小組織後來成長為服務數百萬低收入民眾、在四大洲推動計畫的全球性組織。曾獲美國國務院傑出榮譽獎、牛津大學網路與社會獎，並入選《外交政策》雜誌全球百位頂尖思想家、《赫芬頓郵報》十大開創新局的政治人物等。

米歇爾・渥克 Michele Wucker
全球策略家、「灰犀牛」一詞的創見者

2017/4/7　灰犀牛

　　畢業於萊斯大學、哥倫比亞大學國際與公共事務學院拉丁美洲研究碩士，擔任國際事務寫作教學兼任副教授，並於哈佛甘迺迪政府學院完成全球領導力和公共政策課程。

　　2009年世界經濟論壇全球青年領袖、2007年古根漢獎得主。曾任紐約世界政策研究所主席、芝加哥全球事務委員會研究副主席、《國際金融評論》拉丁美洲事務處主任，並為《紐約時報》《波士頓環球報》《華盛頓郵報》《華爾街日報》和 CNN 新聞網、路透社等著名媒體撰稿，也曾擔任《世界政策雜誌》出版人。2015年，創立 Gray Rhino & Company，幫助領導者和組織識別和制定應對已知風險的策略。

克里斯・貝利 Chris Bailey
個人「生產力」專家

● 2016/7/29　最有生產力的一年

　　畢業於渥太華卡爾頓大學。為深入研究生產力，他進行為期一年的計畫，期間大量閱讀相關研究並在自己身上進行數十種實驗，以測試出提高生產力的有效方法；整個過程全記錄在他的部落格「最有生產力的一年」裡，多達21萬6千字。

　　迄今為止，他已就生產力這個主題發表過數百篇文章，作品散見各類報章媒體，包括《紐約時報》《哈芬登郵報》《紐約》雜誌、TED、《快速企業》雜誌，以及「生活駭客」（Lifehacker）知識網站等。

高爾 Al Gore
美國前副總統、諾貝爾和平獎得主

● 2013/11/28　驅動大未來

　　美國前副總統，世代投資管理公司（Generation Investment Management）創辦人暨主席。凱鵬華盈風險投資公司合夥人，以及蘋果公司的董事。大部分時間都投入非營利的「氣候真相計畫」主席工作，致力解決氣候危機。高爾曾四度獲選為美國眾議員，1984年與1990年擔任美國參議員。1993年成為美國副總統，是柯林頓總統經濟團隊中的重要成員。他也曾任參議院議長、內閣閣員、國家安全委員會委員，並曾是很多政策的倡議者。高爾是暢銷書《不願面對的真相》等書的作者，也是奧斯卡最佳長篇紀錄片《不願面對的真相》的主角。2007年，他因「昭告世人氣候變遷所帶來的危機」而成為諾貝爾和平獎得主之一。

馬修・柏爾 Matthew Ball
全球最大遊戲創投基金合夥人

🔵 2022/7/29　元宇宙

EpyllionCo 的執行合夥人，該公司管理一檔早期創投基金，並提供企業與創投諮詢服務。柏爾曾擔任亞馬遜工作室全球策略長、闕寧集團（The Chernin Group）旗下歐特媒體主管，埃森哲顧問公司（Accenture Strategy）執行主管。此外，柏爾也擔任「創客基金」（Makers Fund）創投合夥人、KKR 公司顧問，以及柏爾元宇宙研究合夥公司共同創辦人等。文章散見於《紐約時報》《經濟學人》《彭博商業周刊》《華爾街日報》《紐約客》《華盛頓郵報》《金融時報》。

祖克曼 Gregory Zuckerman
美國知名調查報導記者

🔵 2020/5/28　洞悉市場的人

曾任《併購報告》執行編輯、《紐約郵報》撰稿。

1996 年加入《華爾街日報》擔任財經記者，之後成為特約撰述，主要報導金融機構、人物專訪、企業等，亦從事避險基金和其他商業調查報導；曾三次贏得財經新聞界最高榮譽的羅布獎（Gerald Loeb award）。著有暢銷書《洞悉市場的人》《史上最大交易》《頁岩油商》和最新力作《疫苗商戰》。其中《洞悉市場的人》描述量化交易之父吉姆・西蒙斯與文藝復興公司的故事，入圍金融時報與麥肯錫最佳商業書籍獎。

貝佐斯 Jeff Bezos
亞馬遜公司創辦人

⬤ 2014/4/28　貝佐斯傳

　　1964 年生於美國新墨西哥州。1986 年自普林斯頓大學畢業後，先是在華爾街工作，在一次橫跨美國之旅的過程中，寫下亞馬遜公司的構想和計畫書，這位埋頭苦幹、創造亞馬遜的科技怪才，逐漸成為身形強健、自律、充滿全球野心的億萬富豪。曾獲選為 1999 年度《時代》雜誌年度風雲人物，2019 年登上全球富豪榜榜首。

　　他以鐵腕統治亞馬遜，隨著亞馬遜帝國的擴張，他也逐漸抽離亞馬遜的日常營運，專注於亞馬遜之外的許多興趣。《貝佐斯新傳》（Amazon Unbound）一書以詳盡、深入幕後的資訊，帶領讀者完整了解貝佐斯和現代人已經離不開的亞馬遜帝國。

布萊德・史東 Brad Stone
紐約時報暢銷書作家

⬤ 2014/4/28　貝佐斯傳

　　現任彭博新聞社資深執行總編輯，長期追蹤報導矽谷動態與科技趨勢。著有紐時暢銷書《貝佐斯傳》、《Uber 與 Airbnb 憑什麼翻轉世界》（The Upstart），其中《貝佐斯傳》獲頒《金融時報》2013 年最佳商業書金獎、《富比士》與《華盛頓郵報》年度十大好書、2013 年《尼曼報告》（Nieman Reports）調查報導著作十大好書，並在全球發行超過三十五種語言的版本。

錢煦
當代中外學界典範的君子科學家

▶▶ ● 2016/4/21　學習、奉獻、創造：錢煦回憶錄

　　1931 年生於北京，父親為前台灣大學校長與前中央研究院院長錢思亮。專攻血液流變學，分子、細胞及組織生物工程學與幹細胞生物工程學，綜合生物醫學與工程領域，在不同研究範疇均有傑出貢獻。1976 年獲選為中央研究院院士，2006 年獲選為中國科學院外籍院士，更在 1994 年至 2006 年間，獲頒美國四大科學院（國家醫學科學院、國家工程科學院、國家科學院、藝術及科學學院）院士頭銜，是當今華人科學家之唯一。2009 年獲中華民國總統生命科學獎獎章，2011 年獲美國國家科學獎獎章，為唯一獲得兩國最高獎譽之科學家。發表經典論文、作育天下英才，領導國際學術團體，誠為當代學界典範。2019 年獲選為第十七屆華人領袖遠見高峰會第一屆君子科學家。

2019 年錢煦（右三）獲第一屆「君子科學家」的榮譽，由台灣大學校長孫震（右二）擔任贈獎貴賓，錢復（右一）擔任引言人

屠呦呦
首位獲得諾貝爾醫學獎的華人女科學家

● 2016/5/27　屠呦呦傳

　　浙江省寧波人，中國中醫科學院終身研究員兼首席研究員，中國中醫科學院中藥研究所青蒿素研究中心主任，博士研究生導師，抗瘧藥青蒿素和雙氫青蒿素的發現者。這些抗瘧藥是 20 世紀熱帶醫學的顯著突破。一個沒有博士學位、沒有留學海外、沒有當選院士，沒沒無名數十載的「三無」科學家，卻因執著研究精神成為第一位獲得諾貝爾醫學獎的華人女科學家。她和研究團隊所創制出的「青蒿素聯合療法」，是目前治療瘧疾的首選用藥，在全球三十多個國家挽救了七百多萬重症瘧疾患者的生命。

張心湜
台灣醫療與醫學的領導者

● 2013/7/25　張心湜醫者之心（邱淑宜著）

　　1942 年生，陽明大學教授、泌尿外科專家。陽明大學終生榮譽教授、榮總醫療顧問。曾任台北榮總醫院外科部主任、陽明大學醫學院院長、校長、振興醫院院長、潤泰集團醫療事業體系執行長、衛生研究院董事會董事、台灣泌尿科醫學會理事長、國際外科學院副主席及台灣總會主席，國際外科學院院士。發明經尿道攝護腺切除電刀之電腦控制裝置，獲多國發明專利及台灣科技最高獎，專利金全數捐出，成立泌尿科研究發展基金，獎掖後學。成立台灣第一個泌尿外科培訓班及外科腫瘤醫師培訓中心。經驗豐富，深受病患愛戴。2001 年當選中國工程院院士。

楊大中
台灣外科、骨科專科醫師制度開創者

○ 2015/10/20　楊大中回憶錄

　　現任中心診所醫院董事長、台北榮民總醫院骨科部顧問。曾任台北榮民總醫院骨科主治醫師、科主任、部主任、副院長，台中榮民總醫院院長等職。並任國際外科醫學會院士、東南亞外科醫學會副主席、常務理事等職。他是中華民國外科專科醫師制度之倡導執行者，骨科自外科分離、自主發展者，骨科專科醫師之創辦者，骨科次專科發展的催生者，外科及骨科發展基礎之建造者，關節重建醫學會創會者，也是《骨科醫學雜誌》之創刊者。一位成長於亂世的骨科名醫，見證對日抗戰及國共內戰，歷經流離與險阻。一生以醫術濟世救人、赴國外深造帶回新知，並致力推動、建造國內骨外科發展基礎。

陳肇隆
台灣換肝之父

○ 2015/9/30　創造 1400 個重生奇蹟
（共同作者：楊慧鉑）

　　高雄長庚醫院院長。1976 年畢業於高雄醫學大學，進入台北長庚紀念醫院外科，1981 年到加拿大多倫多大學兒童醫院接受外科住院醫師訓練，1983 年赴美國匹茲堡大學醫院進修，向肝臟移植鼻祖史達哲（Thomas Starzl）學習肝臟移植手術，於匹茲堡大學擔任外科研究員。1984 年，台灣對腦死還未完成立法，他冒著被起訴的危險，成功完成亞洲首例肝臟移植。2015 年 7 月，在陳肇隆手上完成的肝臟移植手術，超過一千四百例，手術後存活五年的比例超過 91%，比美國、歐洲還要高，高雄長庚醫院也名列全球五大活體肝臟移植中心之一。

▶ 呂鴻基
小兒科心臟學先驅

● 2018/10/31　呂鴻基：台灣兒童心臟學之父（林芝安著）

1931 年生於台中豐原。1957 年畢業於台大醫學院醫學系，1965 年前往哥倫比亞大學進修，專攻小兒科心臟學。

1971 年發起成立「中華民國心臟病兒童基金會」推廣學生心臟病篩檢，受惠學童超過 200 萬人次。長期關注兒童醫療問題，經過 30 年的推動，催生台大兒童醫院於 2014 年設立。歷任台大小兒心臟科主任、中華民國小兒科醫學會理事長及亞太區小兒科醫學會理事長、中華民國心臟醫學會理事長、桃園敏盛醫院、羅東聖母醫院院長等職。2008 年獲首屆台灣醫療典範獎、2009 年獲台灣兒童醫療貢獻終身成就獎。

▶ 李國偉
台灣科普和數學藝術發展的重要推手

● 2022/04/15　數學，這樣看才精采

1948 年生於南京。台灣大學數學系畢業，美國杜克大學數學博士。

中央研究院數學研究所退休研究員，曾任該所所長。多年來致力於科學普及工作，為天下文化「科學文化」叢書策劃者之一。曾獲李國鼎通俗科學寫作佳作獎、吳大猷科學普及著作獎翻譯類佳作獎。著有《一條畫不清的界線：李國偉的科文游牧集》，譯有《小學算術教什麼，怎麼教》《電腦也搞不定》《科學迎戰文化敵手》《數學教你不犯錯》《宇宙的詩篇》（與葉李華合譯）和《笛卡兒，拜拜！》（與饒偉立合譯）。2022 最新著作《數學，這樣看才精采》讓讀者欣賞美麗的數學文化勝景之餘，同時提升 STEAM 素養。

周成功

台灣重要的科普推手、參與國際基因研究先鋒

🔘 2022/07/29　生命為什麼如此神奇？

美國愛因斯坦醫學院分子生物學博士、國立陽明大學退休教授，專長為訊息傳導、腫瘤生物學。曾任《科學月刊》社長，為《科技報導》籌辦人，亦是代表台灣參與國際基因研究第一人。熱心科學教育、科技政策與科學普及，撰寫文章數百餘篇，散見於《科學月刊》《科技報導》《遠見》雜誌《科學人》等，深入淺出，廣受讀者喜愛。

為了培育學生批判性思考、發掘問題、寫作表達等能力，自 2015 年在陽明大學開設以討論為主的「生物學特論」，帶來全新、具有挑戰性的生物視野，深得學生青睞。他也是天下文化「科學文化」叢書策劃者之一，推廣科普讀物不遺餘力。

趙有誠

倡導「全人醫療」、以「愛」為藥引的醫者

🔘 2017/7/27　愛是人間最好的藥（邱淑宜採訪整理）

國防醫學院畢業，美國南加州大學進修，曾任三軍總醫院健康檢查室主任、胃腸科主任、內科部主任、教學副院長兼國防醫學院醫學系主任。2004 年任醫療副院長執行官，2006 年晉升軍醫少將，2007 年調任國防部軍醫局醫管處處長。2008 年接任台北慈濟醫院院長，並皈依證嚴上人成為慈濟師兄，對「行醫」有不一樣的體悟，全心投入慈濟醫療志業，帶領台北慈濟醫院全體同仁為實踐「全人醫療」努力不懈。2022 最新口述著作《挺在疫浪的前線》（葉知秋採訪整理）記錄慈濟醫護抗疫的過程。

▶ 陳適安

發明「台北方法」，揚名國際

● 2022/2/25　引領世界的心跳（陳麗婷、陳慧玲著）

現為台中榮民總醫院院長、亞太心律醫學會官方雜誌（Journal of Arrhythmia）主編。

Research.com 網站 2022 年台灣醫學科學家排名第 12 名。曾獲亞太心臟協會「傑出心臟病專家獎」、美國心臟學院傑出學術獎。率領台北榮民總醫院心律不整治療團隊獲得 2013 年國家品質金獎。團隊故事已於天下文化出版為《引領世界的心跳：心臟醫學權威陳適安和團隊的故事》，描述獨步全球的心房顫動電燒術，被美國心律醫學會稱為「台北方法」（Taipei Approach）。首創使用頻譜分析電生理訊號方式，輔助心房顫動電燒手術。建立「非肺靜脈起源性的心房顫動」理論。訓練世界各地逾五百多位心律不整專科醫師，協助超過二十個國家發展心房顫動電燒術。

▶ 邱冠明

抗疫楷模

● 2021-08-31　疫無反顧（邱莉燕、張玉櫻、楊倩蓉、劉宗翰採訪撰文）

20 來歲從台大醫學系以第一名之姿畢業，毅然跟隨恩師朱樹勳教授前去亞東醫院。在 12 年的主治醫師生涯中，執行超過 4000 例心臟手術，是一般心臟外科醫師終身手術總量的好幾倍。42 歲擔任亞東醫院副院長，也是台灣最年輕醫學中心副院長。在《疫無反顧》一書中，記錄邱冠明與亞東醫院同仁如何在 2021 年的新冠疫情中發揮應變能力，成為全台收治重症病人最多的醫院，承接深陷疫情熱區的新北市各項防疫任務，並深入各地及企業進行快篩、疫苗快打任務，走出一套獨特的「亞東模式」。

魏國珍
台灣腦神經外科權威

● 2014/7/3　醫者，本來如此（吳錦勳著）

中山醫學大學醫學系畢業、加州大學舊金山校區（U.C.S.F.）腦瘤研究中心研究員，目前為林口長庚醫院腦神經外科系主任。投入腦科研究十餘年，他主持的「奈米藥物加超音波開　血腦屏障」腦瘤治療計畫被《美國國家科學院院刊》喻為「研究腦瘤治療的重要里程碑」，並推崇台灣腦科的創新研究為全球腦瘤治療帶來重大突破。魏國珍不僅在腫瘤腦神經外科的專業上成就卓越，也一直秉持著「尊重生命，以人為本」的信念行醫，而這份初心更是他守護病人、在醫療專業上不斷求精求進與突破的關鍵，特別是近年台灣醫療體系受到商業化的影響，醫病關係漸趨緊張，魏醫國珍所樹立的醫者典範更值得彰顯與推崇。

許瑞云
強調「身心一體」的哈佛醫師

● 2020/7/29　心念自癒力

許瑞云醫師具備完整西醫醫學教育養成與多年臨床經驗，對於中醫、自然療法、能量醫學、心理諮商等領域亦有深入研究，多年來致力整合不同醫療領域的學養與知識，長年累積實務經驗。且能視病如親，同理病患及家屬，幫助疑難雜症患者的病情得到緩解，進而找回健康的身心。近年來策劃及參與數百場演講和工作坊，積極推廣「身心一體」的概念：身體疾病往往根植於個人「心念」；只要調整改變心念，不僅身體得以療癒，自我與周遭的關係——尤其是家庭關係——也會變得和諧，進而讓生命更加圓滿、幸福。

▶ **李祖德**
整合台灣生技產業的推手

● 2014/3/28　無我無框：李祖德的人生品牌學

　　1950 年生，台北醫學大學牙醫學系畢。三十餘年職涯中，六次轉業，每一次的跨界他總能再創高峰，令人驚喜。歷任連鎖牙醫診所創辦人、香港中安基金總經理、北京美大星巴克咖啡董事長、北京燕沙百貨董事、徐福記國際集團獨立董事及台灣神隆公司董事。現任台北醫學大學董事長、環瑞醫投資控股公司董事長、台灣漢鼎公司副董事長、上海泰福健康管理公司董事長、創新工業技術移轉公司董事。因為他沒有私心、沒有框架的自在思維，不論是在醫界、政壇、商界、教育界，他一路走來，在每一次的自我超越之中，不只開創了個人新境界，更為台灣產業發展創出新局！

▶ **陳月卿**
養生食療實踐家

● 2014/10/27　吃對全食物

　　資深新聞工作者、知名電視節目主持人、暢銷作家，現任癌症關懷基金會董事長。政大新聞系、政大新聞研究所畢業。歷任華視新聞部記者、主播、副理，製作過《放眼看天下》《華視新聞雜誌》等優質節目。曾獲最佳新聞節目及教育文化節目主持人等五座電視金鐘獎、第十四屆十大傑出女青年。二十多年來，陪伴夫婿重新調整飲食模式以對抗癌症，全力推動「全食物運動」，鼓勵大家用真食物、好食物、全食物防癌抗癌。常深入校園，藉活潑有趣的動漫教材，讓孩子學習正確的飲食觀念，建立健康和諧的共好社會。

陳明堂
中研院黑洞團隊發起人之一

⬤ 2020/3/30　黑洞捕手

　　成功大學物理系畢業，伊利諾大學香檳校區物理博士，從 1995 年在中研院天文所任職至今。

　　亦為中研院黑洞團隊發起人之一。2010年，中研院黑洞團隊開啟格陵蘭望遠鏡計畫，正式加入以拍攝黑洞為目標的事件視界望遠鏡（EHT）國際團隊。2019 年，團隊成功獲取史上首張黑洞影像，榮獲有「科學界奧斯卡獎」之稱的「基礎物理突破獎」。

　　在天下文化出版的《黑洞捕手》榮獲第45 屆金鼎獎「最佳非文學圖書獎」。

洪啟仁（歿）
新光醫院創院暨榮譽院長、奉獻一生的仁醫

⬤ 2014/08/22　台灣心臟外科第一人（李慧菊著）

　　台灣大學醫學院畢業，美國哥倫比亞大學醫學中心研究。曾任台大醫院外科主任、新光吳火獅紀念醫院院長。洪啟仁是台灣心臟外科先行者及權威，創下多項心臟手術台灣首例，帶領台灣心臟外科進入穩定發展階段。除奉獻精湛醫術之外，並擔任忠仁、忠義連體嬰分割手術小組召集人、中沙醫療團召集人，醫者本質與社會責任兩全其美，貢獻巨大。

史蒂芬・霍金 (歿) Stephen Hawking

愛因斯坦後傑出的理論物理學家

◐ 2019/2/23　霍金大見解

出生於 1942 年，英國理論物理學家、宇宙學家，擔任劍橋大學盧卡斯數學講座教授三十年，全球最暢銷科學書《時間簡史》的作者。在科學上的貢獻包括：潘若斯—霍金奇異點定理、霍金輻射，率先結合廣義相對論與量子力學而提出宇宙新理論，公認是愛因斯坦之後最傑出的理論物理學家。一生獲得榮耀無數，包括英國皇家學會院士、獲頒大英帝國勳章與美國總統自由勳章、獲選為美國國家科學院院士。1963 年，霍金染上漸凍人症（肌肉萎縮性脊髓側索硬化症），病情逐漸惡化至全身癱瘓。2018 年 3 月 14 日，霍金去世，遺作《霍金大見解》提出關於人類文明如何延續的十個大哉問，一生幽默、樂觀奮鬥、永不放棄的精神洋溢其中。

沃克 Matthew Walker

知名睡眠科學家

◐ 2019/1/29　為什麼要睡覺？

在英國諾丁罕大學神經科學學士，在英國醫學研究委員會的獎學金支持下，取得神經生理學的博士學位。後來投入睡眠研究領域，曾在哈佛醫學院擔任精神病學教授，現為加州大學柏克萊分校的神經科學暨心理學教授，並創立「人類睡眠科學中心」。他長期探討睡眠對人類健康和疾病的影響，獲得許多機構的經費獎助，同時他也是美國國家科學院的卡夫利獎助研究員（Kavli Fellow）。發表科學論文超過一百篇。他也致力於向大眾宣揚睡眠的驚人力量，曾任美國國家籃球協會（NBA）、國家美式足球聯盟（NFL）和英格蘭足球超級聯賽的睡眠顧問，目前身兼 Google 生命科學部門的睡眠科學家。

吉爾伯特、格林 Sarah Gilbert、Catherine Green

AZ 疫苗研發科學家

● 2022/2/25　疫苗先鋒：新冠疫苗的科學戰

莎拉‧吉爾伯特

牛津大學詹納研究所疫苗學教授，在設計和早期開發新疫苗方面有超過 25 年的經驗，並致力提高大眾對科學的理解，並協助中低收入國家對抗盛行疾病。當她在看到第一起 COVID-19 死亡病例後，決定為這個類似 SARS 的病毒開發出疫苗，並維持一貫的標準：要解決疫苗分配不平等，讓所有人都打得起。自 2020 年 1 月以來，她擔任牛津阿斯特捷利康疫苗的牛津計畫負責人。2021 年在英國女王生日慶典上獲授爵級司令勳章。

凱薩琳‧格林

牛津大學威康人類遺傳學中心染色體動力學教授、埃克塞特學院高等研究員、臨床生物製造機構主任。生產臨床試驗疫苗專家，應吉爾伯特之邀，一同投身不眠不休的疫苗開發工作，在疫苗牛津計畫中占有重要地位。疫苗開發過程中，牛津團隊修改流程跟病毒搶時間，卻差點無力負擔昂貴的量產費用。所幸在阿斯特捷利康公司的協助下，終於在一年之內做出便宜又有效的牛津阿斯特捷利康疫苗。2021 年格林獲授官佐勳章。

艾伯特・博爾拉 Albert Bourla

▶ 第一支新冠肺炎疫苗的輝瑞執行長

● 2022/3/8　輝瑞登月任務

2019 年就任輝瑞大藥廠執行長。自 1993 年開始在輝瑞服務，擔任動物健康部門在希臘的技術主任，之後在公司擔任各種主管職位，包括營運長、輝瑞創新健康集團總裁，以及輝瑞全球疫苗、腫瘤學和消費者醫療保健業務集團總裁。博爾拉是獸醫師，並且於亞里斯多德大學（Aristotle University）獸醫學院取得生物生殖技術博士學位。

除了擔任輝瑞領導人，他也是紐約市夥伴關係執行委員會成員，還身兼輝瑞、美國藥品研究與製造商協會（PhRMA）、促進者（Catalyst）等組織的董事會成員，並擔任美國國際商業理事會的理事、美國商業圓桌會議成員，以及商業理事會成員。2020 年，博爾拉博士榮獲《機構投資人》（*Institutional Investor*）評定為美國醫藥界最佳執行長。

2022 年新春，在新冠疫情肆虐之際，天下文化引入四本新冠疫苗相關翻譯書

許歷農
追求和平的百歲將軍

🔵 2022/06/30　許歷農傳（紀欣著）

　　生於 1919 年，安徽貴池人。1940 年底自軍校第 16 期畢業，參與抗日戰爭與國共內戰，1949 年來台，歷任重要軍政黨職，陸軍二級上將。歷任政治作戰學校校長、陸軍軍官學校校長陸軍、金門防衛司令部司令官、國防部總政治作戰部主任、國軍退除役官兵輔導委員會主任委員、總統府國策顧問、國民黨中央常務委員、黃復興黨部主委、新同盟會會長、第三屆國民大會代表、新黨國大黨團召集人、國家統一委員會副主任委員、民主團結聯盟主席、中山黃埔兩岸情論壇發起人、促進中華民族和平統一政治團體聯合會議主席等。

　　由紀欣執筆的《許歷農傳：從戰爭到和平》，為許歷農親自授權的完整傳記，忠實還原親身經歷過的對日抗戰，政府遷台後兩岸關係的演變，以及民主政治的起伏。在史料價值上，為讀者推開一扇歷史之窗，從中可窺見兩岸和平路之遙遠及台灣民主路之艱辛。

2022 年，年逾百歲的許歷農將軍（前排）出席在 93 巷人文空間舉辦的新書發表會，後排左起為張作錦、紀欣、王力行、高希均、馬英九總統、錢復、陳長文、郝龍斌。（遠見提供，張智傑攝）

劉兆玄
處理危機有成效的理工行政院長

● 2015/1/15　迎戰風暴（楊艾俐著）

湖南省衡陽市人，出生於四川省成都市，戰後隨雙親移居台灣，加拿大多倫多大學化學博士。曾任國立清華大學、東吳大學校長、行政院副院長、行政院院長等職。2008 年 5 月 20 日，台灣經歷二次政黨輪替的民主洗禮。在總統馬英九邀請下，劉兆玄毅然承擔起行政院院長的大任，在任的 478 天當中，台灣不僅經歷二次大戰後世界金融最劇烈的動盪，還遭逢史上最大的八八風災。劉兆玄在風雨中穩健掌舵，推動的幾項政策都在對抗金融風暴中產生關鍵的作用，他並開啟台海兩岸直航及 ECFA 初擬的新篇章，對穩定台灣社會與經濟有著重大貢獻。

賴清德
上醫治國

● 2019/3/27　用行動帶來希望（郭瓊俐採訪撰文）

出生於新北市萬里礦區，台灣大學復健醫學系畢業後，進入成功大學學士後醫學系就讀。多年後再至美國哈佛大學公共衛生學院進修，取得公衛碩士。擔任台南成大醫院、新樓醫院主治醫師期間，出任陳定南競選省長「醫師後援會」分會長，開始接觸政治。1996 年投入國大代表選舉並高票當選，從診斷、醫治病人的醫師，成為替國家問題尋找解方的政治人物。從國大代表、立法委員、升格直轄市後的兩屆台南市長到行政院長，展現解決問題的效率與施政風格，清廉、勤政的成績讓他多年蟬聯媒體「縣市長施政滿意度調查」的五星首長。現為中華民國第十五任副總統。

▶ **朱雲漢**
中研院院士、國際政治經濟學者

● 2015/1/28　高思在雲

　　中央研究院院士，世界科學院院士。目前擔任中央研究院政治學研究所特聘研究員、台灣大學政治系合聘教授、蔣經國國際學術交流基金會執行長。主要研究領域為民主化、東亞政治經濟以及國際政治經濟學。曾經擔任中國政治學會理事長、美國政治學會理事，以及美國「民主研究國際論壇」學術委員。他領導的「亞洲民主動態調查」跨國團隊，長期在亞洲十九個國家進行政治價值、政治參與以及民主品質等議題的調查研究。

▶ **潘冀**
大建築師、美學實踐家

● 2018/6/29　星空下的一家人：建築師潘冀的築夢教養（廖大魚撰文）

　　紐約哥倫比亞大學建築及都市設計碩士、美國萊斯大學建築專業學士、國立成功大學建築工程學士、投身建築業五十餘年，與其領導的建築團隊至今完成六百五十多件建築作品，獲得國內外建築設計大獎與專業雜誌之刊載報導。

　　曾獲國家文藝獎、中華民國傑出建築師、美國建築師協會院士 (FAIA)、中國一級註冊建築師、成功大學校友傑出成就獎等多項榮譽之肯定。他相信美學的夢想實踐來自深厚的家庭根基，《星空下的一家人》記錄教養兩個女兒的歷程，經由時光的淬鍊，這一家人平實而不平凡的故事，為現今價值模糊的消極年代提供正面能量。

方新舟
橫跨高科技與教育公益的創業家

● 2021/09/30　與孩子一同編織未來（吳錦勳著）

　　美國猶他大學電機碩士、國立交通大學電子工程學士，是勇於創新的工程師，也是無中生有的創業家，橫跨高科技行業及教育公益行業。

　　方先生是美國驛馬車通訊公司及上市公司誠致科技的創辦人。方先生自年輕時就念念不忘「國家興亡匹夫有責」。在高科技行業奮鬥三十多年事業有成後，在 59 歲全心投入教育公益，先後創辦誠致教育基金會、均一教育平台、KIST 公辦民營學校體系。從小深受家庭教育影響，相信品格是為人處事的基礎，尤其在動盪不安的 21 世紀，品格像一個幸福指南針，影響一個人的一生。他所創建的 KIST 公辦民營學校便是以「努力學習，友善待人」為校訓。

黃年
為兩岸和平而寫的媒體評論者

● 2013/2/28　大屋頂下的中國

　　台灣新聞工作者。1975 年自國立政治大學新聞系畢業，隨即攻讀政治研究所碩士。1986 年獲《聯合報》報社獎助前往牛津大學進修。長年服務於《聯合報》報社，曾任該報總主筆、總編輯，現為聯合報副董事長。得過台灣所有重要新聞評論獎如星雲真善美新聞獎新聞專業貢獻獎、兩度獲頒金鼎獎新聞評論獎、五度獲得吳舜文新聞評論獎、1997-2000 連續四年榮獲曾虛白新聞評論獎。著有《希望習近平看到此書》《韓國瑜 vs. 蔡英文／總統大選與兩岸變局》《獻給天然獨／從梵谷的耳朵談兩岸關係》《蔡英文繞不繞得過中華民國》《大屋頂下的中國》《從漂流到尋岸》《這樣的陳水扁》《漂流的台灣》等。所發表的社論及著作，已經遠遠超過一位公共知識份子能盡的言責。

▶ **張安平**
揮灑哲學家靈魂的企業家

◑ 2015/9/21　鐘擺上的味蕾

美國普林斯頓大學經濟系及紐約大學企管研究所畢業。現為雲朗觀光公司執行長、嘉新兆福文化基金會董事長、台北歐洲學校董事。並曾擔任台北國際社區文化基金會（ICRT）董事長。

張安平是企業家，但有哲學的靈魂，熱愛閱讀、寫詩。他懂吃愛吃，更寫下深刻有趣的飲食故事。從哥倫布交換的食物旅行談到咖啡館裡開始的法國大革命，也可以綁上圍裙站在燒燙燙的火爐前變身為大廚，端出土石流漢堡、美式水煮牛肉等拿手好菜。他認為飲食不只為了延續生命，更是人類社會演進的主要推手，隱藏其間的故事耐人尋味。著有《鐘擺上的味蕾》。

▶ **馬紹章**
兩岸政治時事評論者

◑ 2016/6/29　走兩岸鋼索

1958年生於台北市，國立政治大學政治系畢業、政治研究所碩士，1987年獲選行政院社會科學人才出國進修計劃，1993年取得美國俄亥俄州立大學政治學博士，主修比較政治，並開始注意中國大陸的政經發展情勢。回國後服務於行政院副院長辦公室，2000年辭公職後投入產業界並參與規劃國民黨榮譽主席連戰的和平之旅。曾任媒體主筆、國家政策研究基金會副執行長，海基會副董事長兼副秘書長暨發言人現任職考試院。除發表多篇專文外，譯有《發展理論》。

趙春山
研判兩岸問題的重要專家學者

● 2019/07/26　兩岸逆境

　　1946年生於廣西桂林，國立政治大學東方語文學系俄文組學士、政大東亞研究所碩士、政大政治研究所博士，並赴美國喬治城大學俄羅斯區域研究計畫進修，取得博士候選人資格。

　　曾任政大東亞研究所講師、副教授、教授兼所長；政大國關中心副主任、政大俄羅斯研究所所長，淡江大學中國大陸研究所教授；兼任《中央日報》《聯合報》主筆，中廣節目主持人，陸委會諮詢委員、海基會顧問，亞太和平研究基金會及遠景基金會董事長。現為淡江大學榮譽教授、亞太和平研究基金會及遠景基金會首席顧問，國家政策研究基金會顧問、兩岸共同市場基金會顧問等。

　　著有《兩岸逆境：解讀李登輝、陳水扁、馬英九、蔡英文的對治策略》，以及《蘇聯領導權力的轉移》《「和諧世界」與中共對外戰略》，主編《兩岸關係與政府大陸政策》，並發表關於中共、俄羅斯及國際問題等議題之多篇論文。

盛治仁
熱愛閱讀、樂於奉獻與分享的知識人

● 2013/11/28　敢闖才會贏

　　高雄五甲地區的小康家庭出身。很早就立下出國留學的目標，回國後更以極高的工作效率，在37歲即完成教授升等。因緣際會之下，又從學術界轉戰政論節目，成為新興的媒體寵兒；而後更投身公職，只為了體驗政治的「實務經驗」。先後擔任台北市政府研考會主委，以及行政院文建會主委等職務。任職期間，經歷了「聽奧風暴」與「夢想家事件」，是公職生涯中的震撼教育，決定離開政治圈之後，卻也意外發現了人生另一片天空。目前擔任雲朗觀光集團總經理，以「不創新，就等著被淘汰」的理念，鼓勵旗下員工發揮創意與附加價值，一同為打造本土優質企業品牌而努力。

蔡其昌
立法院最年輕的副院長

● 2019/7/24　後背包的初心（林靜宜採訪撰文）

　　台中市人，東海大學歷史學系、國立中興大學 EMBA 財金組畢業。

　　從一個熱愛台灣歷史、文學的青年，因緣際會參與野百合學運，在時代的風雲際會中逐漸踏上政壇。曾是文學研究者、大學講師的蔡其昌，從政後一路從國會助理做起，歷任台中縣民政局長、國會辦公室主任、民進黨發言人和三屆立法委員等，並於 47 歲成為立法院最年輕的副院長，目前也擔任中華職棒大聯盟會長。

鄭必堅
「中國和平崛起」的提出者

● 2014/3/28　中國發展大戰略

　　四川省富順縣人，1932 年出生，1952 年加入中國共產黨，1954 年中國人民大學研究生畢業。中共十一屆三中全會以後，曾任中共中央文獻研究室組長、中共中央書記處研究室室務委員、中共中央總書記胡耀邦政治助理、國務院國際問題研究中心副總幹事、中國社會科學院副院長兼馬列所所長、中共中央宣傳部常務副部長、中共中央黨校常務副校長、中國共產黨中央委員會委員、國家創新與發展戰略研究會會長、中共中央黨校學術委員會主任、中國科學院大學人文學院名譽院長、中國科學與人文論壇理事長、中國國際戰略學會高級顧問等。著有《鄭必堅論集》《思考的歷程》《中國發展大戰略：論中國的和平崛起與兩岸關係》等書。

林洸耀
深入中國政治的新聞記者

● 2016/1/28　把脈中國

　　路透社北亞首席記者。1959 年出生於菲律賓馬尼拉，父母來自中國福建。菲律賓德拉薩大學、台灣東吳大學肄業。

　　1979 年進入新聞界，先後任職於台灣《中國郵報》及法新社、路透社等國際新聞社。

　　30 餘年的記者生涯，曾採訪過許多國家領導人，新聞報導獲獎無數，其中路透社獎項包括 2007 年度最佳獨家新聞獎，2011 年度最佳記者，2014 年度新聞與年度獨家新聞二等獎，以及 2014 年度最佳新聞團隊獎。還獲得亞洲出版業協會（SOPA）2012 年度最佳獨家新聞榮譽獎，2015 突發新聞報導榮譽獎及年度最佳獨家新聞榮譽獎。2015 年更進入美國 Osborn Elliott 年度亞洲最佳新聞評選決賽。

羅振宇
「得到 app」創始人

● 2015/11/24　成大事者不糾結

　　1973 年生，自媒體「羅輯思維」創始人與主講人、「得到 app」創始人。網路知識型服務開拓者，資深媒體人與傳播專家。曾任 CCTV「經濟與法」、「對話」製片人。2012 年底打造知識型脫口秀「羅輯思維」，半年內從一款網路自媒體產品，逐漸成長為全新的網路知識品牌，後轉型為為付費性知識服務「得到 app」，對商業和網路的獨到見解，影響了當代年輕人對知識結構與網路的認識。

李光耀（歿）
新加坡建國的遠見總理

吳清友（歿）
誠品書店創辦人

2014/7/25　李光耀觀天下

生於 1923 年，他成長於日本侵略並把新加坡命名為昭南島的時期。二次世界大戰後，他到劍橋大學深造，並獲法律系雙重一等榮譽學位。1959 年，他成為新加坡自治邦政府的第一任總理，1965 年領導國家走向獨立。領導新加坡從第三世界國家晉升為第一世界國家，並將一個貿易站提升為一個以效率和廉潔治理體系著稱的環球大都市，他被公認是主要推手。在 1990 年卸下總理職務後，他繼續擔任內閣資政直至 2011 年。

這位享譽國際的政治家，對中國、美國和亞洲的觀點受到全球領導人的尊重和競相徵詢。2015 年病逝於新加坡。

2019/2/1　之間：吳清友傳（吳錦勳採訪撰文）

1950 年生，台南人，以經營餐旅廚房設備業起家，誠品書店創辦人。1988 年因先天性心臟擴大而動刀後，讀著弘一法師傳記，決定要成立一家書店，1989 年敦南誠品書店開幕，1999 年敦南店開始 24 小時經營，成為亞洲唯一 24 小時營業的書店，是觀光客來台必遊十大景點。

吳清友憑藉著傳播文化的初心，並從心念出發、提供人文素養的土壤養分，2004 年獲《時代》雜誌亞洲版評選為「亞洲最佳書店」。2011 年獲選為「台灣百大品牌」文創服務類別企業。2015 年獲 CNN 評選「全球最酷書店」2017 年，吳清友於辦公室昏迷，送醫不治辭世。

哈拉瑞 Yuval Noah Harari
當代全球文明思想家

⬤ 2014/8/27　人類大歷史（林俊宏譯）

　　任教於耶路撒冷希伯來大學歷史系，是新銳歷史學家。1976年出生於以色列海法，2002年在牛津大學獲得博士學位。哈拉瑞視野恢弘，博學多聞，雖身為人文歷史學者，亦深研考古人類學、生態學、基因學等硬科學，曾兩度獲得Polonsky原創與創意獎、軍事歷史學會Moncado論文獎。

　　《人類大歷史：從野獸到扮演上帝》是他第一本震撼全球的巨著，2011年以希伯來文出版，在以色列成為暢銷書之後，陸續翻譯成近50種語文，全球熱銷800萬冊，包括歐巴馬、比爾·蓋茲、祖克柏等名人都極力推薦。《人類大命運：從智人到神人》是他的第二本巨著，已陸續翻譯成45種語文，全球熱銷400萬冊。《21世紀的21堂課》是他的第三本巨著，聚焦在當前世界的重大課題。哈拉瑞教授經常受邀在世界各地演講，並為《自然》期刊《衛報》《金融時報》《泰晤士報》《華爾街日報》撰稿。

2013年4月，《人類大歷史》作者哈拉瑞來台演講，帶動一波熱潮。

馬凱碩 Kishore Mahbubani

傑出公共知識份子與外交官

● 2020/10/15　中國贏了嗎？

　　新加坡國立大學李光耀公共政策學院前院長、全球地緣政治專家、新加坡國立大學亞洲研究中心傑出研究員。他曾是任職三十三年的資深外交官，在成為李光耀公共政策學院創院院長後，又埋首學術研究工作十五年，在外交及學術領域都有優異亮眼的資歷。擔任新加坡駐聯合國大使期間，曾在紐約居住十餘年。2019 年入選為美國人文暨科學院院士，是全球公認的亞洲重要公共知識份子。經常在各地旅行的他，目前定居於新加坡。

卜睿哲 Richard C. Bush

美國在台協會前理事主席、中台專家

● 2021/6/25　艱難的抉擇

　　研究台灣與中國事務的美國專家。曾任職於美國國會、國家情報委員會、美國在台協會理事主席、布魯金斯研究院東亞研究中心主任，四十年來持續積極關注東亞國際事務。

　　現於他曾領導逾十六年的布魯金斯研究院東亞研究中心擔任客座資深研究員，並擔任布魯金斯研究院辜振甫暨辜嚴倬雲台灣研究講座。研究領域囊括東亞國際事務，尤其關注美國與台灣、中國、日本、韓國之雙邊關係。

▶ 梅克爾 Angela Merkel
德國史上首位女性總理

⬤ 2021/10/14　梅克爾傳（凱蒂·馬頓著）

　　德國女性政治家、物理、量子化學家，前任德國聯邦總理，為德國基督教民主聯盟成員。畢業於萊比錫大學，修有物理學碩士、量子化學博士學位。1989 年進入政界，在聯邦政府內閣中擔任過德國聯邦家庭事務、老年、婦女及青年部、德國聯邦環境、自然保育及核能安全部部長等職，並在 1991 年當選為德國聯邦議院議員。2000 年當選德國基督教民主聯盟黨魁，2005 年至 2021 年出任德國總理。是德國歷史上首位女性總理，也是東西德統一後首位出身前東德的聯邦總理。在世界各國情勢對立、分裂之同時，號召全歐洲團結一心。

▶ 芮納·米德 Rana Mitter
專研中國近代史的英國歷史學家

⬤ 2014/6/26　被遺忘的盟友

　　英國歷史學家，研究專長為現代中國史。2015 年擴大紀念抗戰勝利暨台灣光復七十週年時，國史館曾邀米德參與「戰爭的歷史與記憶：抗戰勝利七十週年國際學術討論會」並發表演講。

　　現任牛津大學現代中國歷史與政治教授，著有多本研究近代中國的專書，包括得獎作品《痛苦的革命》（*A Bitter Revolution*），以及還原國軍抗日戰爭貢獻的《被遺忘的盟友》。文章散見於《金融時報》《衛報》《印度時報》及《經濟學人》等重要刊物。

▶ 美國前國防部長

威廉・培里
William J. Perry

● 2017/9/28　核爆邊緣

　　威廉・培里是美國第 19 任國防部部長。先前曾擔任美國國防部副部長與國防研究及工兵局次長。在培里卓越的職業官生涯中，他曾親身參與核戰威脅的處理決策過程，累積數十年的經驗和接觸最高機密的戰略核武工作。他是史丹福大學「麥可暨芭芭拉・柏柏里安講座」教授（已退休），也是威廉・培里計畫的創辦人，希望藉此教育和喚醒 21 世紀社會大眾對核武危險的體悟。2007 年與喬治・舒茲、山姆・努恩、亨利・季辛吉，在「核子安全計畫」中明白揭示他們的遠見：未來應該是個沒有核武的世界，所以全球應在削減核武威脅方面，制定必要的緊急措施。

2017 年，前美國國防防長培里訪台，與創辦人高希均晤談，交換對核武威脅的看法。

▶ **藍偉瑩**
引領教師學習的推手

● 2020/6/24 　教育，我相信你

　　在高中任教二十餘年，現在則是第一線學校與教師長期且深度的陪伴者，踏遍全台各縣市，了解教師在課程與教學上面臨的困境。透過為上百所學校、上千名教師的教學把脈過程中，理解教師的需求，不僅提供「客製化師資培育」，更將困難的教育哲學與課程專業概念，轉化為更容易理解與實踐的語言。透過支持成人來支持孩子，偉瑩老師期許與學校、老師、父母與孩子並肩同行，成為更美好的自己；更鼓勵父母與教師反思並解構自己的學習歷程，幫助孩子朝「學習的專家」之路邁進。

▶ **郭婞淳**
完成四連霸的奧運金牌女神

● 2022/04/29 　郭婞淳：舉重若輕的婞念

　　台東阿美族人。曾獲 2020 年東京奧運女子舉重 59 公斤級金牌、2017 年台北世大運女子舉重 58 公斤級金牌、2018 年亞運女子舉重 58 公斤級金牌，現為女子舉重 59 公斤級抓舉、挺舉、總和三項世界紀錄及奧運紀錄保持者。累積十面世界舉重錦標賽金牌並完成四連霸，亦四度拿下運動精英獎最佳女運動員獎，皆為台灣史上第一人。

賴佩霞
跨領域身心靈導師

轉念的力量

● 2021/10/29　轉念的力量

　　1963 年生於台北，暨南大學法學博士。為了分擔家計，16 歲時輟學投入演藝事業。從自身生命經歷中領悟到思維模式乃是命運艱困與否的關鍵，走訪世界各地探訪名師、投入身心靈教育，一心渴望尋獲那一把開啟幸福之門的鑰匙。

　　中年後重拾書本，獲得法學博士學位，並完成美國哈佛大學甘迺迪學院公共領導力學程。目前在陽明交通大學教授「溝通與領導力培養」課程，同時針對個人身心靈成長以及企業人才培育訓練規劃課程，擔任導師、教練與顧問。

　　豐盛的斜槓人生經歷是她最大的心靈資產，也使她看見生命的感動以及值得學習的真理。出版多部著作，是華文地區身心靈成長領域最重要的導師之一。

鄧惠文
溫柔撫觸女性心靈的精神醫師

● 2021/01/27　我想看妳變老的樣子

　　台北醫學大學醫學系學士、台北醫學大學醫學人文所碩士。曾任台大醫院、萬芳醫院精神科主治醫師，台北醫學大學醫學系講師。

　　她是精神科醫師、榮格心理分析師，也是作家、廣播及電視節目主持人。視自己為一種譯者與橋梁，為不同的對象譯解深層心理。這種譯解有時需要用語言文字，有時是戲劇或舞蹈，更多時候是無法形容的，心的靠近感。

　　善於描繪女性的感受和思考，從年輕女孩的迷惘、人妻人母的蛻變，一路寫來，進而撫觸熟年心境。明晰的看清心理，不是為了超脫，而是為了承載人情的濃重。唯有心靈能不蒼老，永遠為愛溫柔細語。

▶ **陳金鋒**

開啟台灣棒球選手旅美浪潮的先鋒

● 2017/10/26　不求勝的英雄（林以君、李碧蓮 撰文）

　　台南大內子弟，台灣不動第四棒，旅美大聯盟第一人。不擅華麗言辭，卻有「努力不一定有結果，不努力就什麼都沒有」等名言。榮工青棒隊時期，以全壘打著稱的好手之一，多次入選中華青棒、成棒代表隊國手。1998年入選中華成棒代表隊，在義大利舉行的第三十三屆世界盃棒球錦標賽擊出 5 支全壘打，獲得該屆全壘打王，為其業餘棒球生涯的個人代表作。 1999 年 1 月退伍後，與美國職棒洛杉磯道奇隊簽約，連續兩年入選小聯盟未來之星對抗賽世界隊選手，被視為是開啟台灣棒球選手旅美浪潮的先鋒。2000 年陳金鋒被評為道奇系統十大潛力新秀第一名。2002 年首度登上大聯盟。他也是中華隊最重要的定心丸。陳金鋒的身影，標誌著一個時代、一種精神。

▶ **王建民**

台灣運動史上首位年薪破億的「台灣之光」

● 2018/12/5　後勁：王建民（陳惟揚 / 周汶昊 撰文）

　　台灣第二位登上美國職棒大聯盟、也是第一位在季後賽出賽的台灣投手，先後效力於紐約洋基、華盛頓國民、堪薩斯皇家等隊，為目前台灣投手在大聯盟中累計勝投最高者，也是台灣運動史上第一位年薪破億的運動員。2006、2007 兩個球季，他在 MLB 連獲十九勝，並獲選為《時代》雜誌全球百位最有影響力人物，其所締造的台灣之光傳奇迄今仍無人可超越。2008 球季中因跑壘受傷，王建民開始漫長的復健旅程，儘管奔波在全美各地，在大聯盟、小聯盟、獨立聯盟之間起伏，仍不放棄對棒球的熱愛，努力要找回伸卡球和人生的「後勁」。2016 年終於重登大聯盟投手丘，為自己留下難忘的追尋之旅。

劉軒
來自哈佛的跨域創意人

● 2014/12/22　Get Lucky! 助你好運

　　哈佛大學學士、哈佛教育學院心理學碩士、哈佛教育學院博士班，目前為暢銷作家、品牌顧問、音樂製作人、廣播節目主持人。身兼數職的劉軒目前活躍於許多專業領域，也擅長各種跨領域的創意製作：從故宮的動畫配樂到時尚品牌發表會；從廣播節目主持到大型舞曲派對的打碟 DJ；從《Why Not ？給自己一點自由》和《放任心中的一百次流浪》等寫意散文集，到《Get Lucky ！助你好運》《心理學如何幫助了我》及《大腦衝浪》等暢銷心理學力作。也因此，劉軒不願意讓自己以職稱來定位，只希望當個「有用的創意人」。

許皓宜
擅長「用關係說故事」的諮商心理師

● 2019/11/29　心智鍛鍊：成功實現目標的
　　　　　　　20 堂課（周思齊合著）

　　台灣師範大學心輔系博士，現就讀政治大學傳播研究所，耕耘影像製作與劇本創作，同時任教於國立台北藝術大學通識教育中心。

　　南部長大、北漂生活，念過文學和心理諮商，被稱為擅長「用關係說故事」的諮商心理師，從事心理治療十餘年，卻用寫作走出非典型的專業與學術之路。筆耕多年，代表著作包括《心智鍛鍊》《空心人》《情緒陰影》《情緒寄生》《與父母和解，療癒每段關係裡的不完美》等書。《情緒寄生》獲頒 2018 金石堂年度十大影響力好書。

劉安婷
放棄高薪投身偏鄉教育

● 2014/7/25　出走，是為了回家

台北出生，台中長大的台灣囡仔。2008年從台中女中畢業時，同時推甄上台大外文與政治系，也自學英文考上美國十所名校，最後選擇就讀提供全額獎學金的普林斯頓大學。2012年於普林斯頓大學「威爾遜公共與國際事務學院」畢業後，曾於紐約某醫療顧問管理公司工作，後放棄高薪，籌辦 Teach For Taiwan（為台灣而教）計畫，致力改善台灣「教育不平等」問題。TFT除了招募具教育使命感與領導潛力的人才，為有需求的偏鄉小學注入師資，也培養各領域的領導人才，為孩子創造平等優質的教育環境。

何培鈞
地方創生先行者

● 2015/8/26　有種生活風格，叫小鎮

1979年生，南投水里人，長榮大學醫務管理學系畢業。大學二年級到訪竹山，意外發現一座已成廢墟的百年三合院，激起保存地方文化的想法。退伍後打造民宿「天空的院子」，吸引眾多海內外旅客來訪。後來，他走向竹山，運用地方創生精神，成功活化老舊的台西客運車站，讓在地食材有更多行銷機會。

為持續發展，他成立「小鎮文創」，導入科技及社會創新思維，積極進行地方生存支持系統的建立，更將經驗延伸到中國大陸、馬來西亞與日本，期許能帶給台灣社會多元的國際交流與擴展豐富視野。

大衛・布魯克斯 David Brooks

《紐約時報》知名評論家

2016/3/29　成為更好的你

大衛・布魯克斯是政治和文化評論家，為《紐約時報》專欄作家。也曾擔任《華盛頓時報》的影評人、記者，後來又擔任《華爾街日報》的特約編輯，《標準周刊》的高級編輯，《新聞周刊》和《大西洋月刊》的特約編輯。曾固定在公共電視網節目「新聞時刻」（NewsHour）和「與媒體見面」（Meet the Press）擔任來賓。也曾任教於耶魯大學。著有《紐約時報》暢銷書《成為更好的你》《第二座山：當世俗成就不再滿足你，你要如何為生命找到意義？》《BOBO 族：新社會精英的崛起》與《天堂路：我們是如何以未來式在當下過活》等書。

詹金斯 Jo Ann Jenkins

熟齡福利倡議者

2017/10/20　50+ 好好

美國退休協會（AARP）執行長；該協會是全世界最大的無黨派非營利組織，致力改革社會，提升熟齡族群的生活品質，鼓勵熟齡族群參與社會，老得有尊嚴、有目標、有意義。詹金斯加入 AARP 前曾任國會圖書館營運長，榮獲國會圖書館傑出服務獎、科技業年度女性領袖獎。其他重要事蹟包括獲選美國國家品質獎研究員、2013 年榮獲非裔婦女會經濟發展獎、2013 年及 2014 年入選「《非營利時報》影響力人物 Top 50」（*NonProfit Times's Power and Influence Top 50*），並於 2015 年獲《非營利時報》提名為「年度非營利組織大人物」。現居維吉尼亞州北部。

莫言
諾貝爾文學獎得主

⬤ 2013/08/28　盛典：諾貝爾文學獎之旅

　　山東高密人，1955 年 2 月生。少時在鄉中小學讀書，10 歲時輟學務農，後應徵入伍。曾就讀於解放軍藝術學院和北京師範大學，獲文學碩士學位。1997 年脫離軍界到地方報社工作。著有長篇小說《紅高粱家族》《酒國》《豐乳肥臀》《紅耳朵》《食草家族》《檀香刑》《生死疲勞》《蛙》；中篇小說集《紅耳朵》《透明的紅蘿蔔》《藏寶圖》；短篇小說集《蒼蠅·門牙》《初戀·神嫖》及散文集《會唱歌的牆》《小說在寫我》等。

　　莫言是當代最被國際注目的大陸作家之一，作品曾獲茅盾文學獎、紅樓夢獎、華語文學傳媒大獎、《亞洲週刊》中文十大好書獎、鼎鈞雙年文學獎、中國時報十大好書獎、聯合報十大好書獎等。2012 年 10 月 11 日榮獲諾貝爾文學獎。諾貝爾獎委員會讚譽：「莫言將魔幻寫實主義與民間故事、歷史和當代社會合而為一。」

諾貝爾文學獎得主莫言於 2013 年訪台，在《盛典》新書發表會上致詞

江賢二

當代世界級藝術大師

● 2014/10/27 從巴黎左岸，到台東比西里岸（吳錦勳採訪撰文）

1942 年生於台中，於 1965 年自國立台灣師範大學藝術系畢業，1967 年旅居巴黎，1968 年搬至紐約，於 1998 年返台定居。曾在多處舉辦個展，如省立博物館、紐約 Lamagna 畫廊的個展、紐約 O. K. 哈里斯畫廊個展、台北誠品畫廊個展。從 1966 的首次個展開始，便堅持抽象風格的表現，而其作品越是晚期越展現一種悠遊自在的風格。作品一如其人，有著一種屬於詩人特有的悠雅與瀟灑，在極簡的手法下，引人進入一種潔淨、深沈，如宗教信仰般的心靈境界。

瓊瑤

晚年呼籲重視「善終權」的名作家

● 2017/7/31 雪花飄落之前

本名陳喆，1938 年生於四川成都，祖籍湖南衡陽。已出版超過六十部作品，創下被改編次數最多的紀錄，更捧紅了許多知名演員。2017 年，瓊瑤首次以她慘烈的親身經驗，寫下《雪花飄落之前》這本書，這也是瓊瑤寫作生涯的另一個里程碑，書中深入探討「老、病、死」的問題，呼籲社會重視老人的「善終權」。她認為她從以前的「小愛」觀念，進入今日的「大愛」層次。以「生是偶然，死是必然」的事實，喚醒人們用正能量的方式，來面對「死亡」。她說：「到 79 歲才開始，有點太晚，但是，總比沒有開始好！」

張曼娟

書寫中年風景的跨世代女作家

2018/3/29　我輩中人

　　東吳大學中國文學系文學士、文學碩士、文學博士。曾獲《明道文藝》小說首獎、中華民國教育部「文藝創作小說獎」第一名、「中華文學散文獎」第一名、中興文藝獎小說獎等。曾在中國文化大學中國文學系文藝創作組任教，後來在東吳大學中國文學系教學長達二十年。

　　在出版業最蓬勃的年代，張曼娟的《海水正藍》與其他作品，影響了許多世代的人。當物換星移，張曼娟體會自身中年變化，真誠探究內心感受，思索並想像未來，她寫下《我輩中人》，引爆中年話題，並與照顧者們相濡以沫。她發現「我輩中人」的幸福或不幸，可以由自己掌握，只要認清了自身的獨特與價值，便可「以我之名」，開創一個完滿的小宇宙。

郭強生

澎湃文思、榮獲多項大獎的文學作家

2015/9/24　何不認真來悲傷

　　教育大學語文與創作學系教授。曾以《非關男女》獲時報文學獎戲劇首獎；長篇小說《惑鄉之人》獲金鼎獎；《夜行之子》、《斷代》入圍台北國際書展大獎；短篇小說〈罪人〉榮獲 2017 年九歌年度小說獎。中篇小說《尋琴者》獲 2021 年聯合報文學大獎、2021 年台北國際書展大獎「小說獎」首獎、2020 年台灣文學金典獎、Openbook2020 年度好書獎、2020 年金石堂年度十大影響力好書獎、2020 年博客來年度選書。散文集《何不認真來悲傷》獲開卷好書獎、金鼎獎、台灣文學金典獎肯定；《我將前往的遠方》獲金石堂年度十大影響力好書獎。

　　優遊於文學與文化不同領域，其文字美學與創作視角成熟沉穩，冷冽華麗，從激昂與憂鬱之人性衝突中淬取恣放與純情，澎湃中見深厚底蘊。

▶ **胡乃元**
在偏鄉推廣古典音樂的世界級小提琴家

● 2014/11/13　胡乃元　弓在弦上（吳錦勳採訪撰文）

1961 年出生於台灣台南，五歲開始學小提琴。1972 年赴美深造，勇奪 1985 年比利時伊莉莎白女王國際音樂大賽首獎，是現今國際樂壇上極出色的小提琴家。

2004 年胡乃元集合海內外優秀台灣音樂家，成立 Taiwan Connection，並擔任音樂總監。十餘年來持續在偏鄉推廣古典音樂，期盼吸引更多民眾接觸藝術，無異是一種音樂家的社會運動。Taiwan Connection 的足跡遍及台東、花蓮、屏東、彰化……，在梅樹下、在操場上，演奏給弱勢家庭的孩子、沒聽過古典樂的老人家。他們用行動來回答，音樂家能對社會做什麼貢獻。

▶ **郭英聲**
捕捉內在風景的心象攝影師

● 2014/8/28　寂境（黃麗群 撰文）

台灣當代最重要的國際攝影大師之一，1950 年生，生於台灣台北的攝影師。1975 年遠赴法國，成為二戰後第一位赴法國巴黎從事影像創作及工作的華人藝術家。2007 年，與服裝設計師陳季敏開始跨界合作，擔任 JAMEI CHEN 品牌藝術總監。在成長時期旅居日本，父親因工作往來台日韓三地，母親也在義大利羅馬學習歌劇，童年的孤單影響了他的藝術風格，日本在二戰後的經濟蕭條也影響了他作品的風格。31 歲前走遍 51 個國家，揚名巴黎 30 餘載，作品獲巴黎國家圖書館、龐畢度藝術中心典藏。他的攝影作品不斷追尋的內在風景，被國際藝評家譽為「心象攝影」。

▶ 謝哲青
文采飛揚的藝術說書人

● 2014/9/29　走在夢想的路上

　　身兼作家、電視節目主持人、攀岩家、登山家、藝術史學者、旅行家等多重身分。英國倫敦大學亞非學院考古學、藝術史雙碩士，曾任大英博物館與倫敦國家藝廊研究助理、佳士得拍賣會策展人。長期推動閱讀與藝術文化活動，並擔任國內各大型藝術文物展策展顧問、畫廊協會榮譽顧問。

　　著有《王者之爭》《歐遊情書》《走在夢想的路上》《絕美日本》《鈔寫浪漫》等書。其中《歐遊情書》中〈讀信的藍衣女子〉一文，被選為國小五年級上學期「國語」課文，《走在夢想的路上》一書為 2015 年百大高中職閱讀推薦書籍，《鈔寫浪漫》獲得第 40 屆金鼎獎優良出版品推薦。他主持的《青春愛讀書》節目，榮獲第 51 屆金鐘獎教育文化節目獎。

▶ 駱以軍
知名小說家

● 2019/7/24　也許你不是特別的孩子

　　文化大學中文系文藝創作組、國立藝術學院戲劇研究所畢業。榮獲 2018 第五屆聯合報文學大獎、第三屆紅樓夢獎世界華文長篇小說首獎、台灣文學獎長篇小說金典獎、時報文學獎短篇小說首獎、聯合文學小說新人獎推薦獎、台北文學獎等。著有《計程車司機》《純真的擔憂》《女兒》《小兒子》《棄的故事》《臉之書》《西夏旅館》《我愛羅》《我未來次子關於我的回憶》《降生十二星座》《我們》《遠方》《遣悲懷》《月球姓氏》《第三個舞者》《妻夢狗》《我們自夜闇的酒館離開》《紅字團》等書。

1986

▶ 高希均著作《經濟學的世界》獲行政院新聞局圖書金鼎獎

1990

▶《2000 年大趨勢》獲第一屆《中國時報》開卷版年度十大好書

1991

▶《理性之夢》《居禮夫人》獲《中國時報》開卷年度十大好書

1992

▶《大滅絕》（許靖華）獲《聯合報》讀書人年度最佳書獎

1993

▶《台灣突破》（高希均等）、《台灣 2000 年》（蕭新煌等）獲新聞局圖書金鼎獎

▶《第四勢力》（張作錦）獲新聞局圖書推薦獎

▶《宇宙波瀾》獲《中國時報》開卷年度十大好書

▶《誰在乎媒體》（張作錦）獲《聯合報》讀書人年度最佳書獎

1994

▶《最後的貓熊》獲《中國時報》開卷年度十大好書

▶《全球弔詭》《蓋婭，大地之母》《不再寂靜的春天》獲《聯合報》讀書人年度最佳書獎

▶《尋找心中那把尺》（熊秉元）獲新聞局圖書推薦獎

▶《無愧》（王力行）、《第五項修練》名列金石堂十大最具影響力圖書

1995

▶《複雜》《玉米田裡的先知》獲《中國時報》開卷年度十大好書

▶《演化之舞》獲《聯合報》讀書人年度最佳書獎

▶《傳燈》（符芝瑛）、《誠信》（官麗嘉）名列金石堂年度十大最具影響力的書

▶《優勢台灣》（高希均）獲新聞局圖書推薦獎

1996

▶ 《台灣蛇毒傳奇》（楊玉齡，羅時成）、《火星上的人類學家》、《期待一個城市》（黃碧端）獲《聯合報》讀書人年度最佳書獎

▶ 《國家競爭優勢》（上）（下）名列金石堂年度十大最具影響力的書

1997

▶ 《大自然的獵人》同時囊括《中國時報》開卷年度十大好書、《聯合報》讀書人年度最佳書獎、金石堂年度十大最具影響力的書等三項獎

▶ 《繽紛的生命》獲《聯合報》讀書人年度最佳書獎

1998

▶ 《微物之神》同時獲《中國時報》開卷年度十大好書、《聯合報》讀書人年度最佳書獎

▶ 《張忠謀自傳（上）》獲《聯合報》讀書人年度最佳書獎，並名列金石堂年度十大最具影響力的書

▶ 《我坐在琵卓河畔，哭泣》名列金石堂年度十大最具影響力的書

1999

▶ 《大河灣》《改變世界的藥丸》獲《中國時報》開卷年度十大好書

▶ 《肝炎聖戰》（楊玉齡，羅時成）、《我的生日不見了》獲《聯合報》讀書人年度最佳書獎

▶ 《走過帕金森幽谷》（李良修）名列金石堂年度十大最具影響力的書

2000

▶ 《童年末日》獲《中國時報》開卷年度十大好書

▶ 《從城南走來：林海音傳》（夏祖麗）、《屈辱》獲《聯合報》讀書人年度最佳書獎

▶ 《數學與頭腦相遇的地方》獲明日報年度十大最佳翻譯書獎

▶ 《線索》獲新聞局圖書推薦獎

▶ 《Intel 創新之祕》、《杜拉克經理人的專業與挑戰》獲經濟部金書獎

2001

▶《大河灣》作者奈波爾獲 2001 年諾貝爾文學獎

▶《築人間：漢寶德回憶錄》獲《聯合報》讀書人年度最佳書獎

▶《物理與頭腦相遇的地方》獲《中央日報》翻譯類年度十大好書

▶《@趨勢》（張明正、陳怡蓁）和《黃河明的惠普經驗》《21世紀的管理挑戰》《非營利組織的經營管理》獲經濟部金書獎

▶《啟動革命》《e貓掉進未來湯》（郭正佩）獲「科技管理百大 TOP10」好書

▶《破局而出》（黑幼龍）、《費曼的主張》名列金石堂年度十大最具影響力的書

▶《Consilience：知識大融通》獲博客來網路書店年度十大選書

2002

▶天下文化創辦人高希均教授，獲金鼎獎特別貢獻獎

▶《規範與對稱之美：楊振寧傳》（江才健）、《雨雪霏霏》（李永平）獲《聯合報》讀書人年度最佳書獎

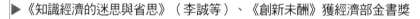

▶《觀念生物學》、《盲眼鐘錶匠》獲《中國時報》開卷年度十大好書

▶《知識經濟的迷思與省思》（李誠等）、《創新未酬》獲經濟部金書獎

▶《肝炎聖戰》（楊玉齡，羅時成）、《用心聆聽》（黃達夫）、《走過帕金森幽谷》（李良修）、《健康飲食 Go Go Go》（郝龍斌）、《當父母變老》（劉秀枝）、《三種靈魂》（莊桂香）、《獨角獸，你教我怎麼飛》（謝奇宏）、《肺病診療室》（林靜靜）、《基因聖戰》、《細胞反叛》、《搶救心跳》等 11 種書，獲衛生署國民健康局推薦為「優良健康讀物」

▶海峽兩岸第一屆吳大猷科學普及著作獎，《肝炎聖戰》（楊玉齡，羅時成）獲創作類金籤獎，《宇宙波瀾》獲翻譯類銀籤獎，《宇宙的詩篇》《大自然的獵人》《線索》及《洞察》獲選為佳作

▶《當鞋子開始思考》獲「科技管理百大 TOP10」好書

▶《大象與跳蚤》名列金石堂年度十大最具影響力的書

2003

▶ 《屈辱》作者柯慈獲 2003 年諾貝爾文學獎

▶ 《規範與對稱之美：楊振寧傳》（江才健）獲金鼎獎，並入選香港十大好書

▶ 《大象與跳蚤》、《創業管理的十二堂課》（劉常勇）和《跨組織再造》《關鍵鏈》獲經濟部金書獎

▶ 《天使走過人間》獲選為首屆「一書一桃園」全民閱讀活動的「桃園之書」

▶ 《蒼茫暮色裡的趕路人：何凡傳》（夏祖麗等）獲《聯合報》讀書人年度最佳書獎

▶ 《連結》獲《中國時報》開卷年度十大好書

2004

▶ 台北國際書展第一屆金蝶獎，《繁花》（葉錦添）獲選「書籍美術設計金獎」

▶ 海峽兩岸第二屆吳大猷科學普及著作獎，《孫維新談天》（孫維新）獲創作類金籤獎，《生物圈的未來》獲翻譯類金籤獎，《連結》獲選為佳作

▶ 《關鍵十年》、《98/2：神達維他命計畫》（苗豐強等）獲經濟部金書獎

▶ 《浮生後記》（沈君山）獲《聯合報》讀書人年度最佳書獎

▶ 《借我一生》（余秋雨）名列《亞洲週刊》中文十大好書

▶ 《應變》、《宏碁的世紀變革》（施振榮）名列金石堂年度十大最具影響力的書

▶ 《3D 理化遊樂園》（陳偉民等）複選入圍經濟部數位內容產品獎

▶ 《孕：目睹子宮內的奇蹟》獲選為博客來網路書店「年度之最」十大專題推薦書

2005

▶ 「2005 世界物理年」科普委員會評選推薦「100 本中文物理科普好書」，天下文化共有《居禮夫人》《物理之美》等 41 本書入選

▶ 《醫者的智慧：漫漫醫學路》（江漢聲）獲金鼎獎

▶ 《經理人的十堂財務必修課》《換個思考，換種人生》獲經濟部金書獎

▶ 《宏碁的世紀變革》（施振榮）和《藍海策略》獲「科技管理百大 TOP10」好書

2006

▶ 《恆持剎那》（阮義忠）獲選為第一屆台灣金印獎圖書印刷類精裝佳作

▶ 海峽兩岸第三屆吳大猷科學普及著作獎，《科學迎戰文化敵手》獲選為翻譯類佳作

▶ 《志工企業家》、《太陽房子》（胡湘玲）獲「科技管理百大 TOP10」好書

▶ 《藍海策略台灣版》（朱博湧）、《致勝》獲經濟部金書獎

▶《鐵盒裡的青春》（台北市婦女救援基金會）獲選「國立編譯館獎勵人權教育出版品」

▶《溫度決定一切》《萬物簡史》《布魯克林的納善先生》《YOU：你的身體導覽手冊》獲《中國時報》開卷年度十大好書

2007

▶中研院與國科會數學中心「向社會推薦優良數學科普書籍」76本，天下文化共有《阿草的數學天地》（曹亮吉）、《大自然的數學遊戲》等 39 本書入選

▶台灣聯合大學系統「新文藝復興閱讀計畫」名人推薦好書，天下文化共有《張忠謀自傳（上）》、《規範與對稱之美─楊振寧傳》（江才健）和《居禮夫人》《所羅門王的指環》《別鬧了費曼先生》《第五項修練》《杜拉克精選個人篇》《管理學的新世界》共 8 本書入選

▶《長尾理論》獲「科技管理百大 TOP10」好書

▶第三十一屆金鼎獎，天下文化共有《藍海策略台灣版》（朱博湧等）、《破解米開朗基羅》（蔣勳）、《布魯克林的納善先生》、《台灣野生蘭賞蘭大圖鑑》（林維明）、《太陽房子》（胡湘玲）、《名人名病》（江漢聲）6 本書入圍，其中《太陽房子》（胡湘玲）獲金鼎獎

▶《愛變才會贏：百變南僑的管理智慧》（李誠、周慧如）、《3% 的超越：杜書伍的聯強國際經營學》（郭晉彰）獲經濟部金書獎

▶天下文化創辦人高希均教授，獲選為 2007 中國「十大影響力精英」

▶《世界的另一種可能》獲《中國時報》開卷 2007 年度十大好書，《安寧伴行》（趙可式）獲開卷美好生活書獎

2008

▶《Mind Set》《修練的軌跡》《你拿什麼定義自己》獲選為國家文官培訓所推薦公務人員閱讀之「每月一書」

▶海峽兩岸第四屆吳大猷科學普及著作獎，《你不能不懂的統計常識》（鄭惟厚）獲創作類銀籤獎，《颱風》獲翻譯類金籤獎，《溫度決定一切》獲選為佳作

▶《我所看見的未來》（嚴長壽）獲「科技管理百大 TOP10」好書

▶第三十二屆金鼎獎，《你不能不懂的統計常識》（鄭惟厚）入圍最佳科學類圖書獎

▶《自耕自食，奇蹟的一年》與《星期三是藍色的》獲《中國時報》開卷 2008 年度美好生活書獎

2009

▶《我所看見的未來》（嚴長壽）、《做對決斷！》、《情緒的驚人力量》獲選為國家文官培訓所推薦公務人員閱讀之「每月一書」

▶台北國際書展 2009 金蝶獎，《奧美創意解密》（余宜芳）獲「封面設計獎」最高榮譽「金蝶獎金獎」，《愛的歷史》獲「封面設計獎」榮譽獎

▶王力行發行人獲國際職業婦女協會（IBPW, International Federation of Business and Professional Women）燭光獎「2009 年風雲人物」

▶《世界又熱又平又擠》獲第三屆「亞洲出版大獎」（APA）最佳多媒體應用行銷獎

▶第三十三屆金鼎獎，天下文化共有《野鳥放大鏡（食衣篇、住行篇）》（許晉榮）、《我所看見的未來》（嚴長壽）、《台灣蝴蝶食草與蜜源植物大圖鑑（上、下）》（林春吉）入圍最佳書獎，項秋萍以《白先勇作品集》入圍最佳主編獎，張議文以《下代基因建築》入圍最佳美術編輯，其中《野鳥放大鏡》獲金鼎獎最佳科學類圖書獎

▶《我們的身體裡有一條魚》獲《中國時報》2009 年度十大好書

▶《巨流河》（齊邦媛）獲選為金石堂 2009 年度「十大最具影響力書籍」，作者齊邦媛老師當選「出版風雲人物（作家）」

2010

▶《巨流河》（齊邦媛）和《贏在軟實力》《讓天賦自由》獲選為國家文官培訓所推薦公務人員閱讀之「每月一書」

▶台北國際書展 2010 金蝶獎，《那兩個女孩》獲「封面設計獎」榮譽獎

▶《科學月刊》暨國家圖書館、台師大圖書館推動的「2010 科普閱讀年」活動，推薦100 種科普好書，天下文化有 31 本書獲得推薦，在所有出版社中排名第一

▶第四屆亞洲出版獎（Asian Publishing Awards），《巨流河》（齊邦媛）獲最佳著作首獎，《讓天賦自由》獲多媒體整合優異獎

▶海峽兩岸第五屆吳大猷科學普及著作獎，《我們的身體裡有一條魚》獲選為翻譯類佳作

▶《網客聖經》獲「科技管理百大 TOP10」好書

▶第三十四屆金鼎獎，《巨流河》（齊邦媛）獲圖書金鼎獎，《自然野趣 DIY》（黃一峰）和《台灣水生與濕地植物生態大圖鑑（上、中、下）》（林春吉）入圍圖書類非文學獎

▶《巨流河》（齊邦媛）簡體字版獲 2010 年新浪「中國好書榜」年度十大好書最高票榜首、深圳商報「深圳讀書月」2010 年度十大好書、以及成都傳媒集團《看歷史》雜誌評選「國家記憶 2010・致敬歷史記錄者」年度圖書最大獎

2011

▶《華人領袖破解台灣機會·中國想像》（王力行編）和《中國大趨勢》《大腦決策手冊》獲選為國家文官培訓所推薦公務人員閱讀之「每月一書」，《閱讀救自己》（高希均）和《創新者的致勝法則》《老得好優雅》獲推薦為延伸閱讀書單

▶《你可以不一樣》（嚴長壽）獲第五屆亞洲出版獎（APA）最佳多媒體行銷獎

▶第三十五屆金鼎獎，《昆蟲 DIY》（黃一峰）獲兒童少年科學類圖書金鼎獎，《血液的奧祕》（伍焜玉）入圍科學類優良圖書

▶《不理性的力量》《一個人的經濟》分別獲「科技管理百大 TOP10」好書第三名和第四名

▶高希均教授獲選為金石堂 2011 年度「年度出版風雲人物」，嚴長壽先生獲選為「年度作家風雲人物」。《賈伯斯傳》、《教育應該不一樣》（嚴長壽）、《拼公益沒有好走的路》（楊志良）獲「十大最具影響力書籍」。

▶《教育應該不一樣》（嚴長壽）獲選為《亞洲週刊》2011 非小說類十大好書

2012

▶《必要的革命》獲選為國家文官培訓所推薦公務人員閱讀之「每月一書」，《賈伯斯傳》《不理性的力量》《快樂，讓我更成功》獲推薦為延伸閱讀書單

▶《教育應該不一樣》（嚴長壽）獲 2012 台北國際書展（非小說類）大獎

▶海峽兩岸第六屆吳大猷科學普及著作獎，《電的旅程》（張大凱）獲創作類金籤獎，《環繞世界的小鴨艦隊》獲選為翻譯類佳作

▶第三十五屆金鼎獎，《劉若瑀的三十六堂表演課》（劉若瑀）獲藝術生活類金鼎獎，《台灣珊瑚礁地圖》（戴昌鳳等）和《賞蟲 365 天》（楊維晟）入圍科學類優良圖書

▶《鐵意志與柔軟心》（張榮發）獲經濟部金書獎

▶《你要如何衡量你的人生？》《快思慢想》名列金石堂年度十大最具影響力圖書

▶《回憶的餘燼》獲《中國時報》開卷年度翻譯類好書

2013

▶第三十七屆金鼎獎，《為土地種一個希望：嚴長壽和公益平台的故事》（嚴長壽）、《菜市場水果圖鑑》（張蕙芬）獲最佳非文學圖書獎，《自然觀察達人養成術》（黃一峰）獲最佳兒童及少年圖書獎

▶《快思慢想》獲第六屆亞洲出版獎（APA）最佳亞洲社會洞察力獎

▶《發現天賦之旅》名列金石堂年度十大最具影響力圖書

▶《大數據》獲選為博客來網路書店商業理財類「年度之最」

2014

▶《好策略，壞策略》《大數據》獲選為國家文官學院「每月一書」

▶海峽兩岸第七屆吳大猷科學普及著作獎，《大數據》《潘朵拉的種子》獲選為翻譯類佳作

▶第三十八屆金鼎獎，《河口野學堂》（楊維晟）獲兒童及少年圖書出版獎，《少年讀史記》（張嘉驊）獲兒童及少年圖優良出版品

2015

▶《人類大歷史》獲選為國家文官學院「每月一書」，《盒內思考》獲推薦為延伸閱讀書單

▶第三十九屆金鼎獎，《寂境：看見郭英聲》（郭英聲、黃麗群）獲文學圖書獎

▶《何不認真來悲傷》（郭強生）獲《中國時報》開卷年度中文創作類好書，《我們的河》獲開卷年度翻譯類好書，《我的焦慮歲月》《凝視死亡》獲開卷年度美好生活書獎

2016

▶《一切都是誘因的問題！》《少，但是更好》獲選為國家文官學院「每月一書」

▶海峽兩岸第七屆吳大猷科學普及著作獎，《人類大歷史》獲翻譯類金籤獎，《10 種物質改變世界》獲翻譯類銀籤獎，《第六次大滅絕》獲選為翻譯類佳作

▶第四十屆金鼎獎，《何不認真來悲傷》（郭強生）獲文學圖書獎，《都市昆蟲記》（李鍾旻）獲兒童與少年圖書獎，《鈔寫浪漫》（謝哲青）獲選為優良出版品推薦

▶《釣愚》《創新者們》獲選為政大「科管百大 TOP10」好書

▶《鋼鐵人馬斯克》獲經濟部金書獎

▶《何不認真來悲傷》（郭強生）獲台灣文學獎圖書類散文金典獎

2017 （＊本年金書獎停辦，故無相關紀錄）

▶《凝視死亡》《品格》獲選為國家文官學院「每月一書」

▶《在宅醫療：從 Cure 到 Care》獲 Openbook 好書獎「美好生活書」

▶《我將前往的遠方》（郭強生）名列金石堂年度十大最具影響力圖書

2018

▶《罪與罰之外：經濟學家對法學的20個提問》（熊秉元）、《在世界地圖上找到自己》（嚴長壽）和《人類大命運》獲選為國家文官學院「每月一書」

▶《張洹生死書》《生來破碎》套書金蝶獎榮譽獎

▶《我輩中人》（張曼娟）與《21世紀的21堂課》名列金石堂年度十大影響力好書

2019

▶《半部論語治天下》獲選為國家文官學院「每月一書」，《永續發展新紀元》獲推薦為延伸閱讀書單

▶《AI新世界》（李開復）獲《經濟學人》年度「商業與經濟類」好書推薦

▶《在世界地圖上找到自己》（嚴長壽）、《哈佛教我的18堂人生必修課》（尤虹文）高雄市立圖書館市長推薦「每月好書」

▶《這一生，你想留下什麼？》名列金石堂年度十大影響力好書

2020

▶《21世紀的21堂課》《OKR：做最重要的事》《霍金大見解》獲選為國家文官學院「每月一書」，《國家為什麼會成功》《清單革命》《臨終習題》獲推薦為延伸閱讀書目

▶海峽兩岸第十屆吳大猷科學普及著作獎，《與達爾文共進晚餐》獲翻譯類銀籤獎，《人類這個不良品》《為什麼要睡覺？》獲選為翻譯類佳作，《這世界難捉摸》獲青少年科普特別推薦獎

▶《零錯誤》（邱強）、《成功，就是要快速砍掉重練》（傅瑋瓊）和《最強創意思考課》獲經濟部金書獎

▶《人生第二曲線》名列金石堂年度十大影響力好書

2021

▶《異見的力量》《第二座山》《瘟疫與人》獲選為國家文官學院「每月一書」

▶《領導者的數位轉型》《AI行銷學》《開拓者》和《B型選擇》（王維玲）獲經濟部金書獎

▶第四十五屆金鼎獎，《黑洞捕手》（陳明堂）獲最佳非文學圖書獎

▶《致富心態》名列金石堂年度十大影響力好書

▶郭強生獲第八屆聯合報文學大獎得主，評審推薦代表作《何不認真來悲傷》《我將前往的遠方》

2013年，第37屆金鼎獎共頒發22類獎項，遠見·天下文化事業群獲得7項大獎。右起為林天來、吳錦勳、楊瑪利、王力行、高希均、許耀雲、李黨、吳毓珍、林榮崧。

鼓舞閱讀熱情・
40之最

天下文化出版公司成立於 1982 年，創辦 40 年來，出版書種超過 4000 種，印製總量超過 4500 萬冊。總印製書籍疊起來的高度，約當 1350 座台北 101 大樓的高度……

第一本出版的書籍——
《經濟人與社會人》，高希均著，1982 年出版

銷量最高的書籍——
《與成功有約》
1991 年初版，截至 2022 年 8 月累印超過 50 萬冊

出版最多種書籍的作者——
高希均（50 種，含合著及合編）

累印量達 50 萬冊以上的作者——
黑幼龍
嚴長壽
高希均

累印量達 30 萬冊以上的書籍——
《與成功有約》《賈伯斯傳》
《執行力》《快思慢想》
《藍海策略》《傳燈：星雲大師傳》

頁數最多的書——
《鄧小平改變中國》，傅高義著，1116 頁

最具重量的書——
《郝柏村解讀蔣公八年抗戰日記》
（上下冊不分售，郝柏村 著，2608g）

最年長的作者——
張祖詒（2022 年出版《總統與我》時為 104 歲）

最年輕的作者——
尤虹文（2012 年出版《為夢想單飛》時為 28 歲）

第一本翻譯成簡體版、授權大陸的書——
《經濟人與社會人》

第一本電子書——
《賈伯斯傳》

銷售量最高的電子書——
《致富心態》

舉辦過單場參與人數最多的活動——
嚴長壽《你可以不一樣》演講
2009 年，逾 4000 人於台中中興大學

作者們的最佳拍檔──

夫妻檔

連　戰＆連方瑀

陳之藩＆童元方

張忠謀＆張淑芬

錢復＆錢田玲玲

曾志朗＆洪　蘭

蘇　起＆陳月卿

徐重仁＆徐安昇

金溥聰＆周慧婷

張明正＆陳怡蓁

劉若瑀＆黃誌群

張　毅＆楊惠姍

許瑞云＆鄭先安

許榮哲＆李儀婷

兄弟檔

錢　煦＆錢　復

親子檔

郝柏村＆郝龍斌

胡志強＆胡婷婷

李豔秋＆李志邦

張盈盈＆張純如

陳美雲＆吳季衡

在天下文化出版
超過 10 本書的華人作者──

高希均

余秋雨

洪　蘭

白先勇

星雲大師

證嚴上人

郝柏村

傅佩榮

黃效文

黑幼龍

各類華人回憶錄——

(依照出版日期先後順序排列)

政治類

陸以正
蘇貞昌
郝龍斌
丁渝洲
黃榮村
陳郁秀
蔣孝嚴
孫運璿
謝長廷
朱立倫
徐立德
唐　飛
羅福全
李光耀
楊秋興
劉兆玄
馬英九
鄭文燦
鄧小平
賴清德
吳作棟
蔡其昌
張善政
吳敦義
許歷農

企業類

張國安
李國鼎
張忠謀
蔡長海
陳士駿
蔣碩傑
李開復
馬　雲
方賢齊
吳敏求
潘思亮

科學類

錢學森
許靖華
黃孝宗
楊振寧
方勵之
錢　煦
彭啟明
林清涼

人文社會類

吳舜文
劉其偉
朱　銘
梅可望
余光中
張　毅
楊惠姍
楊英風
林海音
林懷民
余秋雨
尤虹文
漢寶德
江賢二
謝國城
馬玉山
張作錦
吳清友

宗教類

星雲大師
證嚴法師
單國璽
印順導師

醫界

羅慧夫
陳適安
黃達夫
張心湜
林杰樑
楊大中
黃勝雄
屠呦呦
呂鴻基
林哲男
李祖德

翻譯成簡體版的書——

包括《經濟人與社會人》（高希均著）等在內，
共 200 餘本授權發行為簡體版

華文作者索引

(依中文姓氏筆畫順序排列)

華文作者索引

（依中文姓氏筆畫順序排列）

外文作者索引

(依英文姓氏字母順序排列)

外文作者索引

外文作者索引

國家圖書館出版品預行編目（CIP）資料

鼓舞閱讀熱情，共創世代學習：天下文化四十年
/ 遠見 . 天下文化事業群編著 . -- 第一版 . -- 臺北
市 : 遠見天下文化出版股份有限公司 , 2022.08

　　面；　公分 . -- (社會人文 ; BGB540)

ISBN 978-986-525-775-0（平裝）

1.CST: 遠見天下文化出版股份有限公司
2.CST: 出版業

487.78933　　　　　　　　　　111012979

社會人文BGB540A

鼓舞閱讀熱情，共創世代學習：
天下文化四十年

策　劃 ── 王力行、林天來、吳佩穎
編　著 ── 遠見・天下文化事業群

遠見・天下文化事業群董事長／高希均
事業群發行人／CEO／王力行
天下文化社長／林天來　　　　　特別助理／陸詩穎
天下文化總經理／林芳燕　　　　研發長／蔡馥鵾

編輯部總編輯／吳佩穎　　　　　副總編輯／黃安妮
編輯顧問／林榮崧　　　　　主筆／吳錦勳　　　　　特約資深撰述／林靜宜
總監／楊郁慧　　　　　副總監／蘇鵬元　　　　　研發副總監／郭昕詠
主編／陳怡琳　　　　　副主編／陳珮真・吳芳碩・張彤華
資深編輯／吳育燐・王映茹・黃筱涵

行銷企劃部副總經理／鄧瑋羚　　　　　副總監／李仁傑・吳柏菁
資深經理／李汝桂・黃婉玲・黃靖惠・謝宜芩・蘇筱筑
企劃經理／陳佩宜　　　　　專案經理／梁芳瑜
主任／蔡淑君・方本如・傅詩婷・游姵蓉　　　　　專員／張愉婷・鍾岳彤

企劃出版部總編輯／李桂芬　　　　　總監／羅德禎
資深主編／詹于瑤　　　　　主編／羅玳珊　　　　　副主編／郭盈秀　　　　　資深編輯／劉瑋

版權部總監／潘欣　　　　　經理／楊令怡　　　　　主任／任雅霜

設計中心總監／張議文　　　　　資深經理／李健邦　　　　　經理／陳亭羽・鄒佳幗
副理／吳瑞敏・林悅玉　　　　　資深美術設計／倪旻鋒　　　　　設計／鄭秉安
印務中心副理／吳岳峰・蔡佳珍　　　印務／張育安

法律顧問／理律法律事務所陳長文律師　　　　　著作權顧問／魏啟翔律師
社址／臺北市104松江路93巷1號　讀者服務專線／02-2662-0012 | 傳真／02-2662-0007；02-2662-0009
電子郵件信箱／cwpc@cwgv.com.tw　直接郵撥帳號／1326703-6　遠見天下文化出版股份有限公司

印刷廠／中原造像股份有限公司　裝訂廠／中原造像股份有限公司
登記證／局版台業字第2517號　總經銷／大和書報圖書股份有限公司 | 電話／02-8990-2588
出版日期／2022 年8月31日第一版第一次印行
　　　　　2023 年1月16日第二版第一次印行

定　價 ── NT600元　　ISBN ── 978-986-525-775-0
書　號 ── BGB540A　　天下文化官網 ── bookzone.cwgv.com.tw

天下·文化 40
Believe in Reading

天下．文化
Believe in Reading
4⬤

天下・文化
Believe in Reading
4●